看视频！零基础
学做家常菜

甘智荣◎编著

U0260110

SPM 南方出版传媒 广东人民出版社

· 广州 ·

图书在版编目（CIP）数据

看视频！零基础学做家常菜 / 甘智荣编著. —广州：
广东人民出版社，2018.1
ISBN 978-7-218-12229-8

Ⅰ.①看… Ⅱ.①甘… Ⅲ.①家常菜肴—菜谱 Ⅳ.①TS972.127

中国版本图书馆CIP数据核字（2017）第271144号

Kan Shipin! Lingjichu Xuezuo Jiachangcai

看视频！零基础学做家常菜

甘智荣　编著

出 版 人：肖风华

责任编辑：严耀峰　李辉华
封面设计：青葫芦
摄影摄像：深圳市金版文化发展股份有限公司
策划编辑：深圳市金版文化发展股份有限公司
责任技编：周　杰

出版发行：广东人民出版社
地　　址：广州市大沙头四马路10号（邮政编码：510102）
电　　话：（020）83798714（总编室）
传　　真：（020）83780199
网　　址：http://www.gdpph.com
印　　刷：中闻集团福州印务有限公司
开　　本：710毫米×1000毫米　1/16
印　　张：15　　　字　　数：220千
版　　次：2018年1月第1版　2018年5月第2次印刷
定　　价：39.80元

如发现印装质量问题，影响阅读，请与出版社（020-83040176）联系调换。
售书热线：020-83780685

01 PART

家常菜的入门必修课

02 PART

爽口蔬食，简约而不简略

03
PART

浓油赤酱最诱人
馋嘴畜肉，

04 PART

绝味禽蛋，饭桌上的嫩滑美味

05 PART

美味水产，一鲜到底的滋味料理

06
PART

一碗好汤，暖心暖胃的呵护

07
PART
私房菜，极具情怀的私享美味

PART 01 家常菜的入门必修课

　　家常菜是普通百姓餐桌上每日必吃的菜式，也是最受欢迎的菜式。在家常菜的烹饪过程中，有一些让食物更美味的秘诀。掌握这些技巧和秘诀，能让你的家庭烹饪变得更加简单易行。

超实用的食材处理方法

众所周知，食材处理是烹饪家常菜的首要步骤，会直接影响最后的菜肴成品，所以处理好食材就变得至关重要啦！

/ 鸡翅脱骨翅 /

①洗净的鸡翅从中间顺着鸡骨切一刀。　②用刀将鸡筋切断，扒开，露出鸡骨。　③在鸡翅约1/3处用刀背剁一刀。　④用刀将鸡骨与鸡翅肉分离即可。

/ 虾的清洗 /

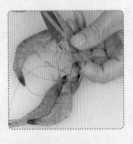   

①用剪刀剪去虾须、虾脚和虾尾尖。　②在虾背部开一刀。　③用牙签将虾线都挑干净。　④把虾放在流水下冲洗，沥干水分即可。

/ 秋刀鱼的清洗 /

①用刀从鱼尾至头部刮除鱼鳞，洗净。　②剖开鱼腹，将鳃壳打开。　③除去内脏，挖出鱼鳃，将黑膜冲洗掉。　④将鱼肉冲洗干净，沥干水分即可。

/ 鱿鱼的清洗 /

①将鱿鱼放入盆中，注入清水清洗一遍，取出鱿鱼的软骨。

②剥开鱿鱼的外皮，将鱿鱼肉取出，用清水冲洗干净。

③然后开始清理鱿鱼的头部，剪去鱿鱼的内脏。

④最后去掉鱿鱼的眼睛以及外皮，再用清水冲洗干净即可。

/ 猪大肠的清洗 /

①将猪大肠放入盆中，加入适量的盐。

②倒入适量白醋，拌匀后浸泡片刻，将猪大肠翻卷过来，洗去脏物。

③将猪大肠捞出，放入干净的盆中，倒入淘米水泡一会儿。

④将猪大肠在流动水下搓洗两遍即可。

/ 鸭肠的清洗 /

①用剪刀把鸭肠剪开，清洗干净。

②把鸭肠放入盆中，加入适量食盐。

③用手揉搓鸭肠，直到没有滑腻的感觉，用水冲洗干净。

④烧一锅沸水，倒入白酒，放入鸭肠，煮2分钟后捞起即可。

蔬菜炒着吃的诀窍

　　如何才能炒出美味的蔬菜呢？下面为你介绍许多炒菜的小窍门，相信对提高你的烹饪水平有很大的帮助。

「炒菜用铁锅最好」

　　炒菜用铁锅效果最好，不但维生素损失少，而且可补充铁质。若用铜锅煮菜，维生素C的损失要比用其他炊具高2~3倍，这是因为铜锅煮菜会产生铜盐，促使维生素C氧化。

「菜要旺火快炒，但油温最好控制在200℃以下」

　　炒蔬菜时，要等锅里的油温超过100℃，即气泡消失后再倒菜入锅，急火快炒可保留82.7%~99.3%的维生素C。但是，在炒菜时弄得油烟弥漫，这样做是有害的。当油温达到200℃以上时会产生一种叫作"丙烯醛"的有害气体，它是油烟的主要成分，还会产生大量极易致癌的过氧化物，所以炒菜要旺火快炒，但最好将油温控制在200℃以下。

「炒青菜宜加醋」

　　炒蔬菜时，如果在蔬菜下锅后就加一点醋，能减少蔬菜中维生素C的损失，促进钙、磷、铁等矿物质成分的溶解，提高菜肴的营养价值和人体对营养素的吸收利用率。

「炒菜不宜放过多油」

　　炒菜时放太多油，会使菜的外部包上一层脂肪，调味料不易渗入菜内，食用后消化液也不能完全与食物接触，不利于消化吸收。因此，炒菜时应适量用油。

锁住肉类营养的烹调秘诀

烹饪肉类食材时，如何更好地保存营养，以便于人体更充分地吸收其营养物质，是我们必须注意的。要想吃得好、吃得营养，就要学会科学地烹饪食物。

「肉切成大块易保存营养」

切成大块的肉类在烹煮时，更加容易保存其营养和鲜味。

在众多的肉类中，大都含有一些可溶于水的含氮物质，炖煮肉类时释出越多，肉汤的味道就会越浓，而肉块的香味则会相对减淡。

「不要用旺火猛煮」

肉块遇到急剧的高热时肌纤维会变硬，这样肉块就不容易煮烂、煮透。此外，肉类所含的芳香物——含氮物质，遇到高温会随着猛煮时的水汽蒸发掉，使香味减少。

「肉类焖吃营养最高」

肉类食物在烹调过程中采用不同的烹调方法，其营养损失的程度也有所不同。如蛋白质在炸的过程中损失可达8%，煮和焖则损失较少；B族维生素在炸的过程中损失45%，煮为42%，焖为30%。由此可见，肉类在烹调过程中，焖制营养损失最少。另外，如果把肉剁成肉泥，与面粉等做成丸子或肉饼，其营养损失要比直接炸和煮减少一半。

教你如何轻松搞定河鲜、海鲜

　　味道鲜美且营养健康的河鲜、海鲜一直备受追捧，是餐桌上不可或缺的美味。但是，对于很多人来说，处理、烹饪河鲜、海鲜是一个很头疼的问题，下面就来教大家搞定河鲜、海鲜。

「食前处理」

鱼类

　　鱼在吃之前一定要洗净，将鳞、鳃及内脏去除干净，无鳞鱼可用刀刮去表皮上的污腻部分，因为这些部位往往是鱼身污染成分的聚集地。

贝类

　　贝类在煮食前应用清水将外壳擦洗干净，并将其浸养在清水中7～8小时，这样，贝类体内的泥沙及其他脏东西就会吐出来了。

虾蟹

　　虾蟹要清洗并挑去虾线等脏物，或用盐渍法清洗，即用饱和盐水浸泡数小时后晾晒，烹制前用清水浸泡，清洗后再烹制。

干货

　　水产品在干制的加工过程中容易产生一些致癌物，食用虾米、虾皮、鱼干前最好用水煮15～20分钟再捞出烹调，并将汤倒掉。

鲜海蜇

　　新鲜的海蜇含水量多，皮体较厚，还含有毒素，需用食盐加明矾腌渍三次，使鲜海蜇脱水三次，才能让毒素随水排尽。用以上方法处理后的鲜海蜇才可烹调食用。或者用下面的方法处理：清洗干净后用醋浸泡15分钟，然后用热水汆煮（100℃沸水中汆数分钟）。

「如何烹饪出美味河鲜、海鲜」

与姜、醋、蒜同食

河鲜、海鲜性寒凉，姜性热，二者同食可中和寒性，以防身体不适。而蒜、醋本身有着很好的杀菌作用，可以杀灭河鲜、海鲜中一些残留的有害细菌。此外，姜、醋、蒜能够去除河鲜、海鲜的腥味，使河鲜、海鲜变得更美味。

准确掌握火候

由于许多河鲜、海鲜原料质地要么细嫩，要么脆爽，故在烹制时一定要掌握好火候，否则一旦火候过了，原料就会老韧嚼不烂；而如果火候不够，原料又未熟，就会口感不好，吃后甚至还会引起疾病。所以，烹制河鲜、海鲜应当根据原料去掌握好火候。如涮白蛤、涮毛蚶，需先用八成沸的烫水略煮后捞出，再用沸水冲烫至熟。蒸制鱼类时，因其肉质细嫩，上笼蒸制时间以 6～7 分钟为佳。

注意盐分含量

有些海鲜类食品如虾米，为了延长其保存期限，在贩售前会用盐腌制，所以食用时应减少用盐量，或在食用之前先用水浸泡一段时间之后再烹调。起锅前的调味也应特别留意，先品尝一下再决定是否需另外调味。

鱼类的烹饪

煎鱼时可在烧热的锅里放油后再撒适量的盐，也可净锅后用生姜把锅擦一遍，在锅内淋少许油，加热后再向锅内放油。但在煎鱼时不要经常翻动，直至鱼在锅里煎透后再翻动。

红烧鱼一定要在烧之前裹匀淀粉下锅略煎，把鱼煎透，油温要高。烧鱼时汤不宜多，以刚没过鱼为宜，火力不宜太大，汤烧开后改用小火煨。翻鱼所用的铲子不要过于锋利，以防弄碎鱼肉。

蒸鱼时先将锅内水烧开，然后将鱼放在盘子里隔水蒸，切忌用冷水蒸，这是因为鱼在突遇高温时外部组织凝固，会锁住内部鲜汁。

减少用油量

河鲜、海鲜、贝壳类等食物含有较高的胆固醇，所以在烹调时应少加油，所淋的明油最好用香油炼制的花椒油替代，因为这样既可明油亮汁，又可提香去异味。

巧用调料，烹出美味

做菜时，什么时候放调料好？放什么调料既能保持菜的色香味，又能使营养成分最大限度地得以保留？以下简单介绍一下厨房常用调味料的使用方法。

正确用油

炒菜时，当油温高达200℃以上时，会产生一种叫作"丙烯醛"的有害气体，它是油烟的主要成分，还会产生大量极易致癌的过氧化物。因此，炒菜还是用八成热的油较好。

特别提示：油脂能降低某些抗生素的药效。缺铁性贫血患者在服用硫酸亚铁时，如果大量食用高油脂食物，会降低药效。

正确用醋

烧菜时，如果在蔬菜下锅后加少许醋，能减少蔬菜中维生素C的损失，并促进钙、磷、铁等营养成分的溶解，提高菜肴的营养价值和人体的吸收利用率。

特别提示：醋不宜与磺胺类药物同服，因为磺胺类药物在酸性环境中易形成结晶而损害肾脏；而服用碳酸氢钠、氧化镁等碱性药物时，醋则会使药效减弱。

正确用盐

用大豆油、菜籽油炒菜时，为减少蔬菜中维生素的损失，一般应炒过菜后再放盐；用花生油炒菜时，由于花生油易被黄曲霉菌污染，应先放盐，这样可以减少黄曲霉菌；用荤油炒菜时，可先放一半盐，以去除荤油中残留的有害物质，出锅前再加入另一半盐；在做肉类菜肴时，为使肉类炒得嫩，在炒至八成熟时放盐最好。

特别提示：按照世界卫生组织的推荐，每人每日的盐摄入量以5克为宜，不超过6克。此外，服用降压、利尿、肾上腺皮质激素类药物者以及风湿病伴有心脏损害的患者，应尽量减少盐的摄入量。

正确用酱油

酱油在锅里高温久煮会破坏其营养成分并失去鲜味。因此，最好在菜即将出锅时再放酱油。

特别提示：服用治疗心血管疾病、胃肠道疾病以及抗结核药品的患者不宜过多食用酱油。

正确用糖

在制作糖醋鲤鱼等菜肴时，最好先放糖后加盐，否则盐的"脱水"作用会促进蛋白质凝固而难于充分吸收糖分，从而造成外甜里淡，影响其味道。

特别提示：糖不宜与中药汤剂同时服用，因为中药的蛋白质、鞣质等成分会与糖起化学反应，使药效降低。

正确用料酒

烧制鱼、羊肉等荤菜时放一些料酒，可以借料酒的蒸发除去腥味。因此，加料酒的最佳时间应当是烹调过程中锅内温度最高的时候。此外，炒肉丝最好在肉丝煸炒后加料酒；烧鱼最好在煎好后加料酒；炒虾仁最好在炒熟后加料酒；汤类一般在开锅后改用小火炖、煨时放料酒最好。

特别提示：放料酒烹制食物时，应把握适量的原则。

烹饪不可不知的厨房小妙招

　　食材在处理、烹饪的过程中有一些小窍门，善用窍门，可以让你在处理食材时更得心应手，更快做出营养美味。

「怎样去除包菜的异味」

　　烹饪包菜时，以甜面酱代替酱油，这样做出来的包菜就没有异味了。此外，如果在烹调包菜时配上葱或韭菜，味道则更加清香可口。

「如何让削完芋头的手不痒」

　　削完芋头后，手往往会很痒，可以在水盆中倒入一些食醋，把手放在里面浸泡几分钟后，再放火上烤一烤，就可以消除手痒的感觉了。

「如何轻松去除藕皮」

　　先用水将藕浸湿，然后用金属丝清洁球擦，不但快速，而且还去除得非常干净，就连小凹处都能擦到，这样去皮后的藕还能保持原来的形状，既白又圆。

「土豆丝变脆的秘诀」

　　先将土豆去皮、切成细丝，放在冷水中浸泡1小时，捞出土豆丝，沥水，入锅爆炒，加适量调味料，起锅装盘，这样炒出来的土豆丝清脆爽口。

「如何炒丝瓜不变色」

　　刮去丝瓜外面的老皮，洗净，将丝瓜切成小块，烹调丝瓜时滴入少许白醋，就可保持丝瓜的青绿色泽和清淡口味了。

「炖肉不宜中途加冷水」

　　肉中含有大量的蛋白质和脂肪，烧煮中若突然加冷水，汤汁温度骤然下降，蛋白质与脂肪就会迅速凝固，肉、骨的空隙也会骤然收缩而不易变烂，而且肉、骨本身的鲜味也会受到影响。

PART 02 爽口蔬食，简约而不简略

　　蔬菜在日常饮食中必不可少，它们具有美丽的外表和绚烂的颜色，却往往因为制法单一而使人们对它们失去兴趣。本章介绍了许多美味的蔬食菜肴，外型美观而口味独特，非常适合作为普通家庭的日常菜式。

姜汁拌空心菜

🕐 6分钟　　🍴 开胃消食

原料： 空心菜500克，姜汁20毫升，红椒片适量
调料： 盐3克，陈醋、芝麻油、食用油各适量

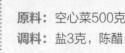

1 洗净的空心菜切大段，备用。

2 锅中注入清水烧开，倒入空心菜梗，加入食用油，拌匀。

3 放入空心菜叶，略煮片刻，加入盐，拌匀，捞出装盘，放凉待用。

4 碗中放入姜汁、盐、陈醋、芝麻油，拌匀，浇在空心菜上，放上红椒片即可。

扫一扫看视频

扫一扫看视频

腰果炒空心菜

🕐 3分钟　　😋 清热解毒

原料： 空心菜100克，腰果70克，彩椒15克，蒜末少许

调料： 盐2克，白糖、鸡粉各3克，食粉、水淀粉、食用油各适量

做法

1　洗净的彩椒切成细丝；沸水锅中放入食粉、腰果，略煮片刻后捞出腰果。

2　另起锅，注入清水烧开，放入洗净的空心菜，煮至断生，捞出空心菜。

3　热锅注油烧热，倒入腰果，用小火炸至其散出香味，捞出。

4　用油起锅，爆香蒜末，倒入彩椒丝、空心菜，加入盐、白糖、鸡粉。

5　用水淀粉勾芡，炒匀，关火后盛出炒好的菜肴，点缀上熟腰果即成。

酥豆炒空心菜

🕐 4分钟　　😋 健脾止泻

原料： 油炸豌豆10克，彩椒30克，空心菜300克

调料： 盐2克，鸡粉3克，食用油适量

做法

1　洗净的彩椒沥干水分，切成粗丝，装入盘中，备用。

2　锅中注入适量食用油并烧热，倒入切好的彩椒，翻炒均匀。

3　放入切好的空心菜，翻炒匀。

4　加入盐、鸡粉，炒匀调味。

5　倒入油炸豌豆，炒匀。

6　关火后盛出炒好的菜肴，装入盘中即可。

扫一扫看视频

青菜炒元蘑

⏱ 5分钟　　🍲 美容养颜

原料：上海青85克，口蘑90克，水发元蘑105克，蒜末少许

调料：蚝油5克，生抽5毫升，盐、鸡粉各2克，水淀粉、食用油各适量

做法

1 洗净的元蘑用手撕开；洗净的口蘑切成厚片；洗好的上海青切成段。

2 沸水锅中倒入口蘑、元蘑，焯煮片刻至断生，盛出口蘑、元蘑，沥干水分。

3 用油起锅，放入蒜末，爆香，倒入口蘑、元蘑，加入蚝油、生抽，炒匀。

4 放入上海青，加入盐、鸡粉，翻炒约2分钟至熟。

烹饪小提示

清洗口蘑时，可放在水龙头下冲洗一会儿，这样可以去除菌盖下的杂质。

5 倒入水淀粉，翻炒片刻至入味，关火后盛出炒好的菜肴，装入盘中即可。

油淋菠菜

⏱ 4分钟　🍲 防癌抗癌

扫一扫看视频

原料： 菠菜150克，剁椒20克，葱花少许
调料： 盐1克，食用油适量

做法

1 锅中注入清水烧开，加入盐、食用油，倒入洗净的菠菜。

2 汆煮片刻至菠菜断生，捞出汆好的菠菜，放凉后挤干水分，摆盘待用。

3 撒上少许葱花，放上剁椒。

4 锅中注入食用油，烧至六成热，将烧热的油浇在菠菜上即可。

扫一扫看视频

蒜香皮蛋菠菜

🕐 5分钟　　益气补血

原料：去皮胡萝卜90克，菠菜250克，皮蛋1个，蒜头35克
调料：盐、鸡粉各2克，食用油适量

做法

1 洗净的胡萝卜切成片；洗好的菠菜切长段；皮蛋去壳，切成瓣，改切成块。

2 沸水锅中倒入菠菜段，焯煮片刻至断生，捞出，沥干水分，装盘待用。

3 用油起锅，倒入蒜头，爆香，放入胡萝卜片、皮蛋块，炒匀，注入清水。

4 加入盐、鸡粉，拌匀，煮至食材熟透，关火后盛出菜肴，浇在菠菜上即可。

扫一扫看视频

松仁菠菜

🕐 5分钟　🍲 补铁

原料： 菠菜270克，松仁35克

调料： 盐3克，鸡粉2克，食用油15毫升

做法

1 洗净的菠菜切三段。

2 冷锅中倒入适量的油，放入松仁，用小火翻炒至香味飘出，关火后盛出炒好的松仁，装碟，撒上少许盐，拌匀，待用。

3 锅留底油，倒入切好的菠菜，用大火翻炒2分钟至熟，加入盐、鸡粉，炒匀。

4 关火后盛出炒好的菠菜，装盘，撒上拌好盐的松仁即可。

扫一扫看视频

蟹味菇炒小白菜

🕐 5分钟　🍲 健脾止泻

原料： 小白菜500克，蟹味菇250克，姜片、蒜末、葱段各少许

调料： 生抽5毫升，盐、鸡粉、水淀粉、白胡椒粉各5克，蚝油、食用油各适量

做法

1 洗净的小白菜切去根部，对半切开。

2 沸水锅中加入盐、食用油，拌匀，倒入小白菜，焯煮片刻，捞出小白菜；再将蟹味菇倒入锅中，焯煮片刻，关火后捞出蟹味菇。

3 用油起锅，爆香姜片、蒜末、葱段，放入蟹味菇，加入蚝油、生抽，炒匀，注入清水，加入盐、鸡粉、白胡椒粉、水淀粉，炒匀。

4 盛出菜肴，装入摆放有小白菜的盘中即可。

扫一扫看视频

🕐 7分钟

🐷 降低血压

草菇扒芥菜

原料： 芥菜300克，草菇200克，胡萝卜片30克，蒜片少许

调料： 盐2克，鸡粉1克，生抽5毫升，水淀粉、芝麻油、食用油各适量

烹饪小提示

生抽本身有咸味和鲜味，可少放盐和鸡粉；要将草菇的根部去除，这样食用时口感更佳。

做法

1 洗净的草菇切十字花刀，第二刀切开；洗好的芥菜切去菜叶，将菜梗部分切块。

2 沸水锅中倒入草菇，焯煮至断生，捞出焯好的草菇，装盘。

3 再往锅中倒入芥菜，加入盐、食用油，拌匀，汆煮一会儿至断生，捞出芥菜。

4 另起锅注油，倒入蒜片，爆香，放入胡萝卜片、生抽，炒匀，注入清水。

5 倒入草菇，翻炒均匀，加入盐、鸡粉，炒匀，用中火焖5分钟至入味。

6 用水淀粉勾芡，淋入芝麻油，炒匀，关火后盛出菜肴，放在芥菜上即可。

干贝芥菜

⏱ 6分钟　🍲 开胃消食

原料： 芥菜700克，水发干贝15克，干辣椒5克
调料： 盐、鸡粉各1克，食粉、食用油各适量

做法

1 干辣椒切成丝；沸水锅中加入食粉、芥菜，拌匀，氽煮至断生，捞出芥菜。

2 将芥菜放入凉水中凉凉后取出，去掉叶子，对半切开。

3 用油起锅，放入干辣椒，炸至辣味析出，捞出干辣椒，注入清水，倒入干贝。

4 放入芥菜，煮至食材熟透，加入盐、鸡粉，拌匀，盛出煮好的菜肴即可。

鸡丝白菜炒白灵菇

⏱ 5分钟　🫘 增强免疫力

原料： 白灵菇、白菜各200克，鸡肉150克，红彩椒30克，葱段、蒜片各少许

调料： 盐、鸡粉各1克，芝麻油、生抽各5毫升，水淀粉、食用油各适量

做法

1 洗净的白灵菇切条；洗好的白菜切条；洗好的红彩椒去籽切丝；洗净的鸡肉切丝。

2 沸水锅中倒入白菜丝，氽熟后捞出；再往锅中倒入白灵菇，氽煮至断生，捞出。

3 另起锅注油，倒入鸡肉丝、蒜片、白灵菇、生抽，炒至熟，放入白菜条、红彩椒丝，炒匀。

4 加入盐、鸡粉、葱段，炒匀，用水淀粉勾芡，淋入芝麻油，炒匀后盛出即可。

扫一扫看视频

扫一扫看视频

辣白菜焖土豆片

🕐 13分钟　🍲 开胃消食

原料： 土豆130克，辣白菜200克，猪肉50克，泰式辣椒酱25克，葱末少许

调料： 料酒2毫升，生抽4毫升，食用油适量

做法

1 将去皮洗净的土豆切薄片；洗好的猪肉切薄片；备好的辣白菜切段。

2 用油起锅，倒入猪肉片，炒匀，至其转色，淋入料酒、生抽，撒上葱末，炒匀。

3 倒入辣白菜，炒出辣味，倒入土豆片，翻炒均匀，注入清水，转大火略煮，盖上盖，改中小火焖约10分钟，至食材熟透。

4 揭盖，放入备好的泰式辣椒酱，炒匀炒透，关火后盛出菜肴即成。

白菜梗拌胡萝卜丝

🕐 3分钟　🍲 降压降糖

原料： 白菜梗120克，胡萝卜200克，青椒35克，蒜末、葱花各少许

调料： 盐3克，鸡粉2克，生抽3毫升，陈醋6毫升，芝麻油适量

做法

1 将洗净的白菜梗切成粗丝；洗好去皮的胡萝卜切成细丝；洗净的青椒去籽，切成丝。

2 沸水锅中加入盐、胡萝卜丝，搅匀，煮约1分钟，放入白菜梗、青椒，再煮至全部食材断生后捞出。

3 把焯煮好的食材装入碗中，加入盐、鸡粉、生抽、陈醋，倒入芝麻油。

4 撒上蒜末、葱花，搅拌至食材入味，盛入干净的盘子中即可。

剁椒腐竹蒸娃娃菜

⏱ 10分钟　☁ 增强免疫力

原料： 娃娃菜300克，水发腐竹80克，剁椒40克，蒜末、葱花各少许

调料： 白糖3克，生抽7毫升，食用油适量

做法

1 洗好的娃娃菜对半切开，切成条状；泡发洗好的腐竹切成段。

3 将娃娃菜码入盘内，放上腐竹。

烹饪小提示

娃娃菜切得比较厚，汆煮的时间要把握好，以免未熟透，影响口感。

2 锅中注入清水烧开，倒入娃娃菜，汆煮至断生，将娃娃菜捞出，沥干水分。

4 热锅注油烧热，爆香蒜末、剁椒，加入白糖，炒匀，浇在娃娃菜上，待用。

5 蒸锅上火烧开，放入娃娃菜，大火蒸至入味，取出，撒上葱花，淋入生抽即可。

豉油蒸菜心

⏱ 6分钟　　☁ 保护视力

扫一扫看视频

原料：菜心150克，红椒丁5克，姜丝2克
调料：蒸鱼豉油10毫升，食用油适量

做法

1 备好电蒸锅，烧开后放入洗净的菜心。

2 盖上盖，蒸约3分钟，至食材熟透，取出菜心，待用。

3 用油起锅，撒上姜丝，爆香，倒入红椒丁，炒匀，再淋上蒸鱼豉油，调成味汁。

4 关火后盛出，浇在菜心上，摆好盘即成。

扫一扫看视频

🕐 4分钟

💪 开胃消食

笋菇菜心

原料： 去皮冬笋180克，菜心100克，水发香菇150克，姜片、蒜片、葱段各少许

调料： 盐2克，鸡粉1克，蚝油5克，生抽、水淀粉各5毫升，芝麻油、食用油各适量

烹饪小提示

菜心的焯煮时间不宜太长，以免口感偏老；可用高汤代替清水，炒出的菜肴味道更鲜美。

做法

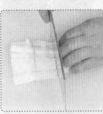
1 洗好的冬笋去头尾，切成段；洗净的香菇去柄，切块。

2 沸水锅中加入盐、食用油，拌匀，倒入洗净的菜心，焯煮至断生，捞出。

3 再往锅中倒入香菇，焯熟后捞出；再往锅中倒入冬笋，焯熟后捞出。

4 另起锅注油，倒入姜片、蒜片，爆香，倒入香菇、冬笋，翻炒至熟。

5 放入生抽、蚝油，炒匀，注入清水，加入盐、鸡粉，倒入葱段，炒至入味。

6 用水淀粉勾芡，淋入芝麻油，翻炒均匀，盛出菜肴，放在菜心上即可。

草菇西蓝花

⏱ 5分钟　🍵 防癌抗癌

扫一扫看视频

原料： 草菇90克，西蓝花200克，胡萝卜片、姜末、蒜末、葱段各少许
调料： 料酒8毫升，蚝油8克，盐、鸡粉各2克，水淀粉、食用油各适量

做法

1 洗净的草菇切成小块；洗好的西蓝花切成小朵。

2 沸水锅中加入食用油、西蓝花，焯熟后捞出西蓝花；再倒入草菇，焯熟后捞出。

3 用油起锅，爆香胡萝卜片、姜末、蒜末、葱段，倒入草菇、料酒、蚝油、盐。

4 加入鸡粉、清水、水淀粉，炒匀，将西蓝花摆入盘中，盛入炒好的草菇即可。

扫一扫看视频

蒜苗炒口蘑

🕐 4分钟　🥗 增强免疫力

原料： 口蘑250克，蒜苗2根，朝天椒圈15克，姜片少许
调料： 盐、鸡粉各1克，蚝油5克，生抽5毫升，水淀粉、食用油各适量

做法

1 洗净的口蘑切厚片；洗好的蒜苗沥干水分，用斜刀切成段。

2 锅中注入清水烧开，倒入切好的口蘑，汆煮至断生，捞出，沥干水分，装盘待用。

3 另起锅注油，爆香姜片、朝天椒圈，倒入口蘑，加入生抽、蚝油，炒匀。

4 注入清水，加入盐、鸡粉、蒜苗，炒至断生，用水淀粉勾芡，关火后盛出即可。

扫一扫看视频

珍珠彩椒炒芦笋

🕐 5分钟　　😊 清热解毒

原料： 去皮芦笋75克，水发珍珠木耳110克，彩椒50克，干辣椒10克，姜片、蒜末各少许

调料： 盐、鸡粉各2克，料酒5毫升，水淀粉、食用油各适量

做法

1 洗净的芦笋切段；洗好的彩椒切粗条。

2 锅中注入清水烧开，倒入洗净的珍珠木耳、芦笋段、彩椒条，焯煮片刻，关火后盛出焯煮好的食材，沥干水分。

3 用油起锅，放入姜片、蒜末、干辣椒，爆香，倒入焯煮好的食材，淋入料酒，炒匀。

4 注入清水，加入盐、鸡粉、水淀粉，炒匀，关火后盛出炒好的菜肴，装入盘中即可。

扫一扫看视频

香辣莴笋丝

🕐 2分钟　　😊 增强免疫力

原料： 莴笋340克，红椒35克，蒜末少许

调料： 盐、鸡粉、白糖各2克，生抽3毫升，辣椒油、亚麻籽油各适量

做法

1 洗净去皮的莴笋切片，改切丝；洗净的红椒切段，切开，去籽，切成丝。

2 锅中注入清水烧开，放入盐、亚麻籽油、莴笋，拌匀，略煮，加入红椒，搅拌，煮至断生，把煮好的莴笋和红椒捞出，沥干水分。

3 将莴笋和红椒装入碗中，加入蒜末。

4 加入盐、鸡粉、白糖、生抽、辣椒油、亚麻籽油，拌匀，盛出即可。

扫一扫看视频

🕐 4分钟

补钙

杂酱莴笋丝

原料：莴笋120克，肉末65克，水发香菇45克，熟蛋黄25克，姜片、蒜末、葱段各少许

调料：盐3克，鸡粉少许，料酒3毫升，生抽4毫升，食用油适量

烹饪小提示

莴笋丝口感清脆，宜用大火快炒，这样能避免将莴笋炒老了，影响菜品的口感。

做法

1 将洗净的香菇切细丁；去皮洗好的莴笋切细丝。

2 煎锅置火上，淋入食用油烧热，倒入肉末，炒至其转色，淋入料酒，炒匀。

3 撒上姜片、蒜末、葱段，炒匀，倒入香菇丁，注入清水，略煮，淋入生抽。

4 加入盐、鸡粉，炒匀调味，关火后盛出炒好的材料，装在盘中，制成酱菜。

5 用油起锅，倒入莴笋丝，炒匀，加入盐、鸡粉，快速翻炒，至食材入味。

6 关火后盛出莴笋丝，装在盘中，再盛入炒熟的酱菜，点缀上熟蛋黄即成。

鱼香茄子烧四季豆

⏱ 8分钟　☁ 清热解毒

扫一扫看视频

原料： 茄子160克，四季豆120克，肉末65克，青椒20克，红椒15克，姜末、蒜末、葱花各少许

调料： 鸡粉2克，生抽、料酒各3毫升，陈醋、水淀粉、豆瓣酱、食用油各适量

做法

1 将洗净的青椒、红椒均去籽，切成条；洗净的茄子切成条；洗好的四季豆切长段。

2 热油锅中倒入四季豆，炸熟后捞出；倒入茄子，炸至变软后捞出。

3 用油起锅，放入肉末、姜末、蒜末、豆瓣酱、青椒、红椒、清水、鸡粉、生抽。

4 加入料酒、茄子、四季豆、陈醋、水淀粉，炒匀，盛出装盘，撒上葱花即可。

扫一扫看视频

口味茄子煲

🕐 5分钟　　清热解毒

原料： 茄子200克，大葱70克，朝天椒25克，肉末80克，姜片、蒜末、葱段、葱花各少许

调料： 盐、鸡粉各2克，老抽2毫升，生抽、辣椒油、水淀粉各5毫升，豆瓣酱、辣椒酱各10克，椒盐粉1克，食用油适量

做法

1 洗净去皮的茄子切成条；洗好的大葱切成小段；洗净的朝天椒切成圈。

2 热油锅中放入茄子，炸熟后捞出；锅底留油，放入肉末、生抽、朝天椒、葱段。

3 加入蒜末、姜片、大葱、茄子、清水，放入豆瓣酱、辣椒酱、辣椒油，炒匀。

4 加入椒盐粉、老抽、盐、鸡粉、水淀粉，炒匀，盛入砂锅中，烧热，放入葱花即可。

扫一扫看视频

扫一扫看视频

豆瓣茄子

🕐 3分钟　🥘 清热解毒

原料： 茄子300克，红椒40克，姜末、葱花各少许

调料： 盐、鸡粉各2克，生抽、水淀粉各5毫升，豆瓣酱15克，食用油适量

做法

1 洗净去皮的茄子切条；洗好的红椒切去头尾，切成粒。

2 热锅中注入食用油，烧热后放入茄子，炸至金黄色，捞出，沥干油。

3 锅底留油，放入姜末、红椒，炒香，倒入豆瓣酱，放入茄子，加入清水，炒匀。

4 放入盐、鸡粉、生抽，炒匀，加入水淀粉勾芡，盛出炒好的食材，撒上葱花即可。

果味冬瓜

🕐 123分钟　🥘 美容养颜

原料： 冬瓜600克，橙汁50毫升
调料： 蜂蜜15克

做法

1 将去皮洗净的冬瓜去除瓜瓤，掏取果肉，制成冬瓜丸子，装入盘中待用。

2 锅中注入清水烧开，倒入冬瓜丸子，搅拌匀，用中火煮约2分钟，至其断生后捞出。

3 用干毛巾吸干冬瓜丸子表面的水分，放入碗中，倒入备好的橙汁，淋入蜂蜜，快速搅拌匀，静置约2小时，至其入味。

4 取一个干净的盘子，盛入制作好的菜肴，摆好盘即成。

干贝咸蛋黄蒸丝瓜

🕐 22分钟　　🍃 清热解毒

原料： 丝瓜200克，水发干贝30克，蜜枣3克，咸蛋黄4个，葱花少许

调料： 生抽5毫升，水淀粉4毫升，芝麻油适量

做法

1 洗净去皮的丝瓜切成段，用大号V型戳刀挖去瓜瓤；咸蛋黄对半切开。

2 丝瓜段放入蒸盘，每块丝瓜段中放入一块咸蛋黄。

3 蒸锅注入清水烧开，放入蒸盘，大火蒸至熟，将菜肴取出。

4 热锅注入适量清水烧热，放入蜜枣、干贝，淋入生抽、水淀粉，拌匀。

5 放入芝麻油，搅匀，制成芡汁，浇在丝瓜上，撒上葱花即可。

烹饪小提示

泡发好的干贝可以压碎再烹制，更易熟，且口感会更好。

松仁丝瓜

⏱ 5分钟　🍲 美容养颜

原料：松仁20克，丝瓜块90克，胡萝卜片30克，姜末、蒜末各少许
调料：盐3克，鸡粉2克，水淀粉10毫升，食用油5毫升

做法

1 沸水锅中加入食用油，倒入胡萝卜片、丝瓜块，焯至断生后捞出。

2 用油起锅，倒入松仁，滑油翻炒片刻，捞出，沥干油，装入盘中。

3 锅底留油，爆香姜末、蒜末，倒入胡萝卜片、丝瓜块，加入盐、鸡粉，炒匀。

4 倒入水淀粉，炒匀，关火，盛出菜肴，撒上松仁即可。

扫一扫看视频

西红柿炒山药

🕐 4分钟　🍠 美容养颜

原料： 去皮山药200克，西红柿150克，大葱10克，大蒜、葱段各5克

调料： 盐、白糖各2克，鸡粉3克，食用油、水淀粉各适量

做法

1 洗净的山药切成块；洗好的西红柿切成小瓣；大蒜切片；洗净的大葱切段。

2 沸水锅中加入盐、食用油，倒入山药，焯煮片刻至断生，捞出山药，装盘。

3 用油起锅，倒入大蒜、大葱、西红柿、山药，加入盐、白糖、鸡粉，炒匀。

4 倒入水淀粉勾芡，加入葱段，炒约2分钟至熟，关火，将炒好的菜肴盛出即可。

彩椒山药炒玉米

🕐 5分钟　🥘 降低血压

原料： 鲜玉米粒60克，彩椒25克，圆椒20克，山药120克

调料： 盐、白糖、鸡粉各2克，水淀粉10毫升，食用油适量

做法

1 洗净的彩椒、圆椒均切成块；洗净去皮的山药切成丁。

2 沸水锅中倒入玉米粒、山药、彩椒、圆椒、食用油、盐，煮熟后捞出食材。

3 用油起锅，倒入焯过水的食材，炒匀，加入盐、白糖、鸡粉，炒匀调味。

4 用水淀粉勾芡，关火后盛出菜肴即可。

川味酸辣黄瓜条

🕐 2分钟　🥘 增强免疫力

原料： 黄瓜150克，红椒40克，泡椒15克，花椒3克，姜片、蒜末、葱段各少许

调料： 白糖3克，辣椒油3毫升，盐2克，白醋4毫升，食用油适量

做法

1 洗好的黄瓜切成条；洗净的红椒去籽，切成丝；泡椒去蒂，切开待用。

2 沸水锅中加入食用油，倒入黄瓜条，煮约1分钟，捞出黄瓜条，沥干水分。

3 用油起锅，爆香姜片、蒜末、葱段、花椒，倒入红椒丝、泡椒、黄瓜条炒匀。

4 加入白糖、辣椒油、盐、白醋，翻炒匀使其入味，关火后盛出炒好的食材即可。

扫一扫看视频

⏱ 12分钟

🫘 清热解毒

酱汁黄瓜卷

原料： 黄瓜200克，红椒40克，蒜末少许

调料： 盐、白糖各3克，豆瓣酱10克，鸡粉2克，水淀粉4毫升，辣椒油、生抽各5毫升，食用油适量

烹饪小提示

卷黄瓜片的时候，力道不宜过大，以免将黄瓜片弄破；食用时将牙签拔除，以免划伤。

做法

1 洗净的红椒去籽，切粒；洗净的黄瓜切成薄片。

2 黄瓜片装入盘中，撒上少许盐，搅拌片刻，腌渍10分钟使其变软。

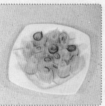

3 将腌渍好的黄瓜片依次卷成卷，用牙签将其固定。

4 热锅注油烧热，倒入蒜末、红椒粒、豆瓣酱，炒香。

5 淋入生抽，注入清水，加入鸡粉、白糖、水淀粉、辣椒油，拌匀制成芡汁。

6 将煮好的芡汁浇在黄瓜卷上即可。

爽口凉拌菜

⏱ 3分钟　☁ 瘦身排毒

原料： 去皮胡萝卜85克，黄瓜70克，红椒45克，蒜末、香菜各少许
调料： 盐、鸡粉各1克，白糖2克，生抽5毫升，橄榄油适量

做法

1 胡萝卜切丝；洗净的黄瓜切丝；洗好的红椒切丝；洗净的香菜切小段。

2 锅中注入清水烧开，倒入胡萝卜丝，汆煮至断生，捞出胡萝卜丝，沥干水分。

3 将红椒丝倒在胡萝卜丝上，放入黄瓜丝，倒入切好的香菜。

4 加入盐、鸡粉、白糖、生抽、橄榄油、蒜末，拌匀，将拌好的菜品装盘即可。

红烧萝卜

🕐 23分钟　　🍽 开胃消食

原料： 去皮白萝卜400克，鲜香菇3个
调料： 盐、鸡粉各1克，白糖2克，生抽、老抽各5毫升，水淀粉、食用油各适量

扫一扫看视频

做法

1 洗净的白萝卜切滚刀块；洗好的鲜香菇斜刀对半切开。

2 用油起锅，倒入切好的香菇，炒出香味，注入适量清水。

3 放入切好的白萝卜，拌匀，加入盐、生抽、老抽、白糖、鸡粉，拌匀。

4 用大火烧开后转中火焖20分钟，用水淀粉勾芡，关火后盛出菜肴，装盘即可。

扫一扫看视频

香油胡萝卜

🕐 2分钟　☁️ 降低血糖

原料： 胡萝卜200克，鸡汤50毫升，姜片、葱段各少许

调料： 盐3克，鸡粉2克，芝麻油适量

做法

1 洗净去皮的胡萝卜切片，再切成丝，备用。

2 锅置火上，倒入芝麻油，放入姜片、葱段，爆香。

3 倒入胡萝卜，拌匀。

4 加入鸡汤。

5 放入盐、鸡粉，炒匀。

6 关火后盛出菜肴，装入盘中即可。

扫一扫看视频

酸辣炒土豆丝

🕐 4分钟　☁️ 开胃消食

原料： 土豆250克，干辣椒适量，葱花4克

调料： 盐3克，鸡粉2克，白醋6毫升，植物油10毫升，香油少许

做法

1 去皮洗净的土豆切片，改刀切丝。

2 用油起锅，放入干辣椒，爆香。

3 放入切好的土豆丝，翻炒约2分钟至断生。

4 加入盐、鸡粉，炒匀。

5 淋入白醋，炒约1分钟至入味，倒入少许香油，炒匀。

6 关火后盛出炒好的土豆丝，装在盘中，撒上葱花即可。

扫一扫看视频

凉拌秋葵

🕐 2分钟　　🍽 开胃消食

原料： 秋葵100克，朝天椒5克，姜末、蒜末各少许
调料： 盐2克，鸡粉1克，香醋4毫升，芝麻油3毫升，食用油适量

做法

1 洗好的秋葵切成小段；洗净的朝天椒切小圈。

2 锅中注入清水，加入盐、食用油，烧开，倒入秋葵，拌匀，焯熟后捞出秋葵。

3 在装有秋葵的碗中加入朝天椒、姜末、蒜末。

4 加入盐、鸡粉、香醋，再淋入芝麻油，拌匀，将拌好的秋葵装入盘中即可。

莲藕炒秋葵

🕐 2分钟　🥘 清热解毒

原料： 去皮莲藕250克，去皮胡萝卜150克，秋葵50克，红彩椒10克

调料： 盐2克，鸡粉1克，食用油5毫升

做法

1 洗净的胡萝卜、莲藕、红彩椒、秋葵均切成片状。

2 锅中注入清水烧开，加入油、盐，拌匀，倒入切好的胡萝卜、莲藕，拌匀。

3 放入切好的红彩椒、秋葵，拌匀，焯煮至食材断生，捞出焯好的食材，沥干水分。

4 用油起锅，倒入焯好的食材，加入盐、鸡粉，炒匀，关火后盛出炒好的菜肴即可。

蒜油藕片

🕐 2分钟　🥘 开胃消食

原料： 莲藕260克，黄瓜120克，蒜末少许

调料： 陈醋6毫升，盐、白糖各2克，生抽4毫升，辣椒油10毫升，花椒油7毫升，食用油适量

做法

1 洗净的黄瓜切成片；洗好去皮的莲藕切片。

2 沸水锅中倒入藕片，搅拌均匀，煮至断生，捞出藕片，放入凉开水中过凉。

3 用油起锅，倒入蒜末煸炒，炸成蒜油，关火后盛出蒜油，装入小碗，待用。

4 取一个大碗，倒入藕片、黄瓜，倒入蒜油，加入陈醋、盐、白糖、生抽、辣椒油、花椒油，拌匀，将拌好的食材装入盘中即可。

扫一扫看视频

酱焖四季豆

⏱ 7分钟　　☁ 增强免疫力

原料： 四季豆350克，蒜末10克，葱段少许
调料： 黄豆酱15克，辣椒酱5克，盐、食用油各适量

做法

1 锅中注入适量清水烧开，放入盐、食用油。

2 倒入四季豆，拌匀，煮至断生后捞出，沥干水分，待用。

3 热锅注油烧热，倒入辣椒酱、黄豆酱，爆香，倒入清水，放入四季豆，翻炒。

4 加入少许盐，炒匀调味，盖上锅盖，小火焖5分钟至熟透。

烹饪小提示

四季豆中含有一定的毒素，一定要炒熟，方能食用。

5 掀开锅盖，倒入葱段，炒匀，将炒好的菜盛入盘中，放上蒜末即可。

拌金针菇

⏱ 4分钟 　🍲 开胃消食

扫一扫看视频

原料： 金针菇300克，朝天椒15克，葱花少许
调料： 白糖、盐、鸡粉各2克，蒸鱼豉油30毫升，橄榄油适量

做法

1 将洗净的金针菇切去根部；朝天椒切圈。

2 沸水锅中放入盐、橄榄油，倒入金针菇，煮至食材熟透，捞出，沥干水分。

3 朝天椒装入碗中，加入蒸鱼豉油、鸡粉、白糖，拌匀成味汁。

4 将味汁浇在金针菇上，再撒上葱花，浇上烧热的橄榄油即可。

栗焖香菇

⏱ 20分钟　　🍚 增强免疫力

扫一扫看视频

原料： 去皮板栗200克，鲜香菇40克，去皮胡萝卜50克
调料： 盐、鸡粉、白糖各1克，生抽、料酒、水淀粉各5毫升，食用油适量

做法

1 洗净的板栗对半切开；洗好的香菇切十字刀呈小块状；洗净的胡萝卜切滚刀块。

2 用油起锅，倒入板栗、香菇、胡萝卜，翻炒均匀，加入生抽、料酒，炒匀。

3 注入清水，加入盐、鸡粉、白糖，充分搅拌，用大火煮开后转小火焖至食材入味。

4 用水淀粉勾芡，关火后盛出菜肴，装入盘中即可。

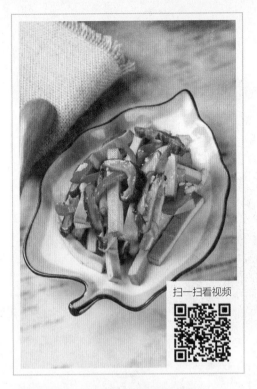

扫一扫看视频

香干丝拌香菇

🕐 5分钟　　🍃 增强免疫力

原料： 香干4片，红椒30克，水发香菇25克，蒜末少许

调料： 盐、鸡粉、白糖各2克，生抽、陈醋、芝麻油各5毫升，食用油适量

做法

1. 洗净的香干切粗丝；洗好的红椒切丝；洗净的香菇切去柄部，切成丝。

2. 沸水锅中倒入香干丝，焯煮片刻后捞出；再倒入香菇丝，焯煮片刻后捞出。

3. 取一碗，倒入香干，加入盐、鸡粉、白糖、生抽、陈醋、芝麻油，拌匀。

4. 用油起锅，倒入香菇丝，放入蒜末、红椒丝、盐，翻炒至熟，盛出，放入装有香干丝的碗中，拌匀，将拌好的菜肴盛入备好的盘中即可。

扫一扫看视频

红薯烧口蘑

🕐 3分钟　　🍃 增强免疫力

原料： 红薯160克，口蘑60克

调料： 盐、鸡粉、白糖各2克，料酒5毫升，水淀粉、食用油各适量

做法

1. 去皮洗净的红薯切成块；洗好的口蘑切小块。

2. 沸水锅中倒入口蘑，淋入料酒，拌匀，略煮一会儿，捞出口蘑，沥干水分。

3. 用油起锅，倒入红薯、口蘑，翻炒匀，注入清水，拌匀，加入盐、鸡粉、白糖，炒至食材入味。

4. 再倒入适量水淀粉，炒匀，关火后盛出炒好的菜肴，装入盘中即成。

扫一扫看视频

乌醋花生木耳

🕐 2分钟　🍽 瘦身排毒

原料： 水发木耳150克，去皮胡萝卜80克，花生100克，朝天椒1个，葱花8克

调料： 生抽3毫升，乌醋5毫升

做法

1 洗净的胡萝卜切片，改切丝。

2 沸水锅中倒入胡萝卜丝、木耳，拌匀，焯煮至断生，捞出，放入凉水中。

3 捞出凉水中的食材，装入碗中，加入花生米、朝天椒、生抽、乌醋，拌匀。

4 将拌好的凉菜装在盘中，撒上葱花点缀即可。

PART 03 馋嘴畜肉，浓油赤酱最诱人

　　畜肉是人们喜爱的食物之一，它属于高蛋白质食材，味道鲜美，营养丰富。那么畜肉类食材应该怎样烹调才会既美味又营养呢？翻开本章，一起来学做美味的畜肉菜，带给家人浓油赤酱的解馋佳肴吧！

尖椒回锅肉

⏱ 6分钟　🫘 开胃消食

原料： 熟五花肉250克，尖椒30克，红彩椒40克，蒜苗20克，姜片少许

调料： 盐、鸡粉、白糖各1克，生抽、料酒各5毫升，豆瓣酱20克，食用油适量

做法

1 洗好的红彩椒、尖椒均切滚刀块；洗好的蒜苗切段；熟五花肉切片。

2 热锅注油，倒入五花肉，炒至微微转色，倒入姜片，炒至五花肉微焦。

3 放入豆瓣酱，炒香，淋入料酒、生抽，放入切好的尖椒。

4 倒入切好的红彩椒，炒约1分钟至断生，加入盐、鸡粉、白糖，炒匀。

5 倒入切好的蒜苗，炒至食材熟透入味，关火后盛出菜肴，装盘即可。

烹饪小提示

若是口味偏辣的朋友，可加入适量的辣椒油煸炒。

彩椒芹菜炒肉片

⏱ 3分钟　🐷 降低血压

原料： 猪瘦肉270克，芹菜120克，彩椒80克，姜片、蒜末、葱段各少许
调料： 盐、鸡粉各3克，生粉、水淀粉、料酒、食用油各适量

做法

1 将洗净的芹菜切成段；洗好的彩椒去籽，切粗丝；洗净的猪瘦肉切成片。

2 把猪肉片装入碗中，加入盐、鸡粉、生粉、水淀粉、食用油，腌渍至其入味。

3 热锅注油烧热，倒入肉片，滑油后捞出；锅底留油烧热，爆香姜片、葱段、蒜末。

4 放入彩椒、肉片、芹菜、盐、鸡粉、料酒，炒匀，倒入水淀粉勾芡，盛出即可。

扫一扫看视频

椒香肉片

🕐 10分钟　　🍑 美容养颜

原料： 猪瘦肉200克，白菜150克，红椒15克，桂皮、花椒、八角、干辣椒、姜片、葱段、蒜末各少许

调料： 生抽4毫升，豆瓣酱10克，鸡粉4克，盐3克，陈醋7毫升，水淀粉8毫升，食用油适量

做法

1 洗好的红椒切成段；洗净的白菜切去根部，再切成段；洗好的猪瘦肉切成薄片。

2 将猪肉片用盐、鸡粉、水淀粉、食用油腌渍至其入味，入油锅滑油后捞出。

3 锅底留油，放入葱段、蒜末、姜片、红椒、桂皮、花椒、八角、干辣椒。

4 放入白菜、清水、肉片、生抽、豆瓣酱、鸡粉、盐、陈醋、水淀粉炒匀，盛出即可。

扫一扫看视频

扫一扫看视频

酸辣肉片

🕐 62分钟　🍲 增强免疫力

原料： 猪瘦肉270克，水发花生米125克，青椒、红椒、桂皮、丁香、八角、香叶、沙姜、草果、姜块、葱条各少许

调料： 料酒6毫升，生抽12毫升，老抽、盐、鸡粉、陈醋、芝麻油、食用油各适量

做法

1 砂锅中注入清水烧热，放入姜块、葱条、桂皮、丁香、八角、香叶、沙姜、草果、猪瘦肉、料酒、生抽、老抽、盐、鸡粉，煮熟后捞出瘦肉，切片。

2 花生米入油锅炸香后捞出；红椒、青椒均洗净切圈；用陈醋、盐、鸡粉、芝麻油、红椒、青椒拌匀制成味汁。

3 将肉片装入碗中，摆放好，加入花生米，淋上味汁即可。

白菜木耳炒肉丝

🕐 10分钟　🍲 美容养颜

原料： 白菜80克，水发木耳60克，猪瘦肉100克，红椒、姜片、蒜末、葱段各少许

调料： 盐2克，生抽3毫升，料酒5毫升，水淀粉6毫升，白糖、鸡粉、食用油各适量

做法

1 洗净的白菜、猪瘦肉均切丝；洗好的木耳切小块；洗净的红椒切条。

2 把肉丝装入碗中，加入盐、生抽、料酒、水淀粉，拌匀，腌渍至其入味。

3 用油起锅，倒入肉丝，炒匀，放入姜片、蒜末、葱段，爆香。

4 倒入红椒，淋入料酒，炒匀，倒入木耳，炒匀，放入白菜，炒至变软。

5 加入盐、白糖、鸡粉、水淀粉，炒匀，关火后盛出炒好的菜肴即可。

扫一扫看视频

🕐 8分钟

益气补血

干煸芹菜肉丝

原料： 猪里脊肉220克，芹菜50克，干辣椒8克，青椒20克，红小米椒10克，葱段、姜片、蒜末各少许

调料： 豆瓣酱12克，鸡粉、胡椒粉各少许，生抽5毫升，料酒、花椒油、食用油各适量

烹饪小提示

煸炒肉丝时，要用小火快炒，这样能避免将里脊肉煸老了。

做法

1 将洗净的青椒去籽，切细丝；洗好的红小米椒切丝；洗净的芹菜切段。

2 洗好的猪里脊肉切细丝，放入热油锅中，炒匀，煸干水汽，盛出，沥干油。

3 用油起锅，放入干辣椒，炸香后盛出。

4 放入葱段、姜片、蒜末，大火爆香，加入豆瓣酱、肉丝，翻炒均匀。

5 淋入料酒，撒上红小米椒，炒香，倒入芹菜段、青椒丝，翻炒至其断生。

6 加入生抽、鸡粉、胡椒粉、花椒油，炒匀，关火后盛出炒好的菜肴即成。

辣子肉丁

⏱ 2分钟　　🍲 降低血压

扫一扫看视频

原料： 猪瘦肉250克，莴笋200克，红椒30克，花生米80克，干辣椒20克，姜片、蒜末、葱段各少许

调料： 盐4克，鸡粉3克，料酒10毫升，水淀粉、辣椒油、食粉、食用油各适量

做法

1 莴笋切成丁；红椒切成段；猪瘦肉切成丁，用食粉、盐、鸡粉、水淀粉、食用油腌渍。

2 沸水锅中放入盐、食用油、莴笋丁，煮熟后捞出；将花生米焯水后捞出，再入油锅炸香。

3 把瘦肉丁倒入油锅中，滑油后捞出；锅底留油，放入姜片、蒜末、葱段、红椒、干辣椒。

4 加入莴笋、瘦肉丁、辣椒油、盐、鸡粉、料酒、水淀粉、花生米，炒匀，盛出，装入盘中即可。

扫一扫看视频

酱爆肉丁

🕐 2分钟 🍚 开胃消食

原料： 里脊肉250克，黄瓜100克，葱段5克，蒜末10克

调料： 甜面酱15克，生粉10克，白糖、鸡粉各2克，料酒5毫升，食用油适量

做法

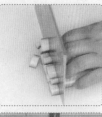

1 洗净的黄瓜切成丁；处理好的里脊肉切成丁，用料酒、生粉、清水、食用油腌渍。

2 热锅注油烧热，倒入肉丁，翻炒至转色，盛出，装入碗中。

3 锅底留油，爆香蒜末、甜面酱，倒入黄瓜，炒匀，倒入清水、肉丁，翻炒匀。

4 加入白糖、鸡粉，倒入葱段，快速炒匀，将炒好的菜盛出装入盘中即可。

蚂蚁上树

⏱ 8分钟　🍜 益气补血

原料： 肉末200克，水发粉丝300克，朝天椒末、蒜末、葱花各少许

调料： 料酒10毫升，豆瓣酱15克，生抽、陈醋各8毫升，盐、鸡粉各2克，食用油适量

做法

1 洗好的粉丝切段，备用。
2 用油起锅，倒入肉末，翻炒松散，至其变色，淋入料酒，炒匀提味。
3 放入蒜末、葱花，炒香，加入豆瓣酱，倒入生抽，略炒片刻，放入粉丝段，翻炒均匀。
4 加入陈醋、盐、鸡粉，炒匀调味，放入朝天椒末、葱花，炒匀，关火后盛出炒好的食材，装入盘中即可。

红薯板栗红烧肉

⏱ 68分钟　🍜 保肝护肾

原料： 红薯块165克，板栗肉120克，五花肉175克，姜片、桂皮、八角、葱段各少许

调料： 盐、鸡粉各2克，老抽3毫升，生抽5毫升，料酒8毫升，食用油、水淀粉各适量

做法

1 洗净的五花肉切成小块；沸水锅中倒入五花肉块，淋入料酒，汆去血水，捞出五花肉。
2 用油起锅，放入肉块、姜片、桂皮、八角、葱段、老抽，炒匀，注入清水，拌匀。
3 淋入料酒，倒入红薯块、板栗肉，煮至食材熟透，加入盐、鸡粉、生抽，炒匀。
4 拣出八角和桂皮，倒入水淀粉勾芡，关火后盛出焖煮好的菜肴，装入盘中即可。

红烧肉卤蛋

🕐 30分钟　🍖 增强免疫力

原料：五花肉500克，鸡蛋2个，八角、桂皮、姜片、葱白、葱叶各少许
调料：盐3克，鸡粉、白糖各少许，老抽2毫升，料酒3毫升，生抽4毫升，食用油适量

做法

1 沸水锅中放入五花肉，汆煮一会儿，去除血渍，捞出材料，放凉后切块。

2 另沸水锅中放入鸡蛋，烧开后用中火煮至食材熟透，捞出鸡蛋，去除蛋壳。

3 用油起锅，爆香八角、桂皮，撒上姜片、葱白，倒入肉块、料酒、生抽、老抽炒匀。

4 注入清水，放入鸡蛋、盐、白糖，焖至食材入味，加入鸡粉、葱叶，翻炒均匀即可。

扫一扫看视频

扫一扫看视频

干豆角烧肉

⏱ 25分钟　🤜 保肝护肾

原料： 五花肉250克，水发豆角120克，八角、桂皮各3克，干辣椒2克，姜片、蒜末、葱段各适量

调料： 盐、鸡粉各2克，白糖4克，老抽、黄豆酱、料酒、水淀粉、食用油各适量

做法

1　将洗净泡发的豆角切成小段；洗好的五花肉切成丁。

2　沸水锅中倒入豆角，煮半分钟后捞出。

3　用油起锅，倒入五花肉，加入白糖、八角、桂皮、干辣椒、姜片、葱段、蒜末、老抽，加入料酒、黄豆酱、豆角，炒匀，再加入清水，煮至沸。

4　加入盐、鸡粉，炒匀，焖至食材熟软，倒入水淀粉勾芡，盛出即可。

黄瓜酿肉

⏱ 7分钟　🤜 增强免疫力

原料： 猪肉末150克，黄瓜200克，葱花少许

调料： 鸡粉2克，盐少许，生抽3毫升，生粉3克，水淀粉、食用油各适量

做法

1　洗净的黄瓜去皮，切段，做成黄瓜盅，装入盘中，待用。

2　在备好的肉末中加入鸡粉、盐、生抽，放入水淀粉，拌匀，腌渍片刻。

3　沸水锅中加入食用油，放入黄瓜段，拌匀，煮至断生，捞出黄瓜段，在黄瓜盅内抹上生粉，放入猪肉末。

4　蒸锅注入清水烧开，放入备好的食材，蒸5分钟至熟，取出蒸好的食材，撒上葱花即可。

扫一扫看视频

黑胡椒猪柳

⏱ 8分钟　　☁ 增强免疫力

原料： 猪里脊肉150克，鸡蛋1个

调料： 盐、鸡粉、黑胡椒粉各3克，生粉2克，料酒、生抽、食用油各适量

做法

1 洗净的里脊肉切成厚片，两边打上十字花，装入碗中。

2 加入盐、鸡粉、料酒、生抽、黑胡椒粉，拌匀。

3 放入鸡蛋中的鸡蛋清，加入生粉，倒入食用油，拌匀，腌渍片刻。

4 锅中注油烧熟，加入里脊肉，煎至两面金黄色，夹出里脊肉，放入盘中。

烹饪小提示

煎猪柳的时候一定要掌握好火候，不要煎老了，否则口感不好。

5 将煎好的肉放在砧板上，切成粗条，叠放在盘中，用绿叶、红花做装饰即可。

058

红烧狮子头

⏱ 8分钟　😋 开胃消食

原料： 上海青80克，马蹄肉60克，鸡蛋1个，五花肉末200克，葱花、姜末各少许

调料： 盐2克，鸡粉3克，蚝油、生抽、生粉、水淀粉、料酒、食用油各适量

做法

1 上海青切成瓣；马蹄肉切成碎末，装入碗中，放入姜末、葱花、马蹄肉末、鸡蛋。

2 加入盐、鸡粉、料酒、生粉，拌匀；沸水锅中加入盐、上海青，焯熟后捞出。

3 把拌匀的材料揉成肉丸，炸熟捞出；锅底留油，注入清水，加入盐、鸡粉、蚝油。

4 放入生抽、肉丸，煮熟后放入装有上海青的碗中；锅内汁液用水淀粉勾芡后倒入碗中即可。

扫一扫看视频

豉汁蒜香蒸排骨

⏱ 13分钟　🧠 益气补血

原料： 排骨260克，豆豉5克，蒜蓉、姜蓉各3克，葱花2克，干淀粉6克

调料： 盐、白糖各2克，鸡粉3克，蚝油5克，料酒、生抽各8毫升，食用油适量

做法

1 用油起锅，撒上蒜蓉、姜蓉，爆香，倒入洗净的豆豉，炒匀，关火待用。

3 放入鸡粉、干淀粉，拌匀，腌渍片刻，盛入蒸盘中，铺开。

2 排骨段放在碗中，盛入锅中的食材，加入白糖、盐、生抽、料酒、蚝油。

4 备好电蒸锅，烧开水后放入蒸盘，蒸至食材熟透，取出蒸盘，趁热撒上葱花即可。

扫一扫看视频

排骨酱焖藕

🕐 39分钟　🍖 增强免疫力

原料： 排骨段350克，莲藕200克，红椒片、青椒片、洋葱片各30克，姜片、八角、桂皮各少许

调料： 盐、鸡粉各2克，老抽、生抽各3毫升，料酒、水淀粉各4毫升，食用油适量

做法

1 洗净去皮的莲藕切开，切块，切丁。

2 锅中注入清水烧开，倒入排骨，大火煮沸，汆去血水，把排骨捞出，沥干水分。

3 用油起锅，放入八角、桂皮、姜片，爆香，倒入排骨，翻炒匀，淋入料酒，加生抽，炒香，加入清水、莲藕、盐、老抽，炒匀。

4 大火煮沸，用小火焖35分钟，加入青椒、红椒、洋葱、鸡粉、水淀粉炒匀，盛入碗中即可。

扫一扫看视频

笋干烧排骨

🕐 70分钟　🍖 补钙

原料： 猪排骨500克，水发笋干15克，彩椒适量，姜片、葱段、八角、花椒各少许

调料： 盐、鸡粉各2克，生抽5毫升，料酒10毫升，水淀粉、食用油各适量

做法

1 洗净的彩椒切条，切块。

2 沸水锅中倒入斩好的猪排骨，加入料酒，拌匀，汆去血水，捞出猪排骨，沥干水分。

3 用油起锅，放入葱段、姜片，爆香，倒入猪排骨，淋入料酒，炒匀，注入清水。

4 放入花椒、八角、笋干、生抽，拌匀，焖至食材熟透，再加入盐、生抽、彩椒、鸡粉，拌匀，用水淀粉勾芡，盛出菜肴即可。

扫一扫看视频

⏱ 33分钟

降低血脂

南瓜烧排骨

原料： 去皮南瓜300克，排骨块500克，葱段、姜片、蒜末各少许

调料： 盐、白糖各2克，鸡粉3克，料酒、生抽各5毫升，水淀粉、食用油各适量

烹饪小提示

喜欢软糯口味的话，可以让南瓜多炖几分钟，瓜的香甜会溶入到排骨汤汁里。

做法

1 洗净的南瓜切厚片，改切成块。

2 沸水锅中倒入排骨块，汆煮片刻，关火后捞出汆煮好的排骨块，沥干水分。

3 用油起锅，爆香姜片、蒜末、葱段，加入排骨块，加入料酒、生抽，炒匀。

4 注入清水，加入盐、白糖，拌匀，大火煮开转小火煮至熟，倒入南瓜块，拌匀。

5 续煮至南瓜块熟，加入鸡粉、水淀粉，翻炒片刻至入味。

6 关火后盛出烧好的菜肴，装入盘中即可。

香橙排骨

⏱ 10分钟　🫘 益气补血

原料： 猪小排500克，香橙250克，橙汁25毫升

调料： 盐2克，鸡粉3克，料酒、生抽各5毫升，老抽、水淀粉、食用油各适量

做法

1 洗净的香橙取部分切片，取一盘，将切好的香橙摆放在盘子的周围。

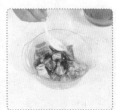

2 排骨用老抽、生抽、料酒、水淀粉腌渍片刻；剩余的香橙留下香橙皮，切成细丝。

3 热油锅中放入排骨，炸香后捞出；用油起锅，倒入排骨、料酒、生抽、橙汁、清水。

4 放入盐、鸡粉、部分香橙丝，拌匀，装入摆有香橙的盘中，撒上剩余香橙丝即可。

酱大骨

⏱ 130分钟   🫘 增强免疫力

原料： 猪大骨1000克，香叶、茴香、桂皮、香葱、姜片各少许
调料： 生抽、老抽各5毫升，白糖3克

做法

1 锅中注入清水烧开，倒入猪大骨，氽煮片刻，捞出，放入凉水中凉凉。

2 砂锅中注入清水烧开，倒入大骨，再放入香叶、茴香、桂皮、香葱、姜片。

3 煮开后转小火煮1个小时至酥软，盛出三大勺汤汁滤到碗中，待用。

4 在砂锅内淋入生抽、老抽，放入白糖，大火煮开后转小火续煮1个小时。

5 将大骨盛出装入盘中，备好的汤汁摆在边上即可。

烹饪小提示

此道菜肴焖煮的时间较长，所以可以适量地多加点水。

三杯卤猪蹄

⏱ 93分钟　🍲 益气补血

原料： 猪蹄块300克，三杯酱汁120毫升，青椒圈25克，葱结、姜片、蒜头、八角、罗勒叶各少许，白酒7毫升

调料： 盐3克，食用油适量

做法

1 沸水锅中放入洗净的猪蹄块，氽煮片刻，去除污渍，捞出材料，沥干水分。

2 锅中注入清水烧热，倒入猪蹄、白酒、八角，撒上部分姜片，放入葱结、盐。

3 煮沸后转小火煮至食材熟软，捞出猪蹄块；用油起锅，放入蒜头、余下姜片。

4 加入青椒圈、三杯酱汁、猪蹄、清水，卤至食材入味，放入罗勒叶，盛出即可。

扫一扫看视频

五香肘子

🕐 123分钟　☁ 益气补血

原料： 猪肘1000克，普洱茶800毫升，香叶、花椒、丁香、桂皮、八角、小茴香、草果各适量，干辣椒、姜末、葱结、葱段、冰糖、剁椒各少许

调料： 盐3克，鸡粉2克，料酒4毫升，生抽、老抽、水淀粉、食用油各适量

做法

1 洗净的猪肘切一字刀，氽水后捞出；锅中放入清水、冰糖、食用油、普洱茶。

2 加入干辣椒、姜末、葱结、香叶、花椒、草果、丁香、桂皮、小茴香、八角。

3 倒入猪肘、生抽、料酒、盐、老抽，煮沸，转移到汤锅中，煮熟后捞出猪肘。

4 用油起锅，倒入剁椒、清水、鸡粉、老抽、水淀粉、葱段，搅拌均匀，浇在猪肘上即可。

扫一扫看视频

扫一扫看视频

香辣蹄花

🕐 62分钟　🍲 益气补血

原料： 猪蹄块270克，西芹75克，红小米椒20克，枸杞适量，姜片、葱段各少许

调料： 盐3克，鸡粉少许，料酒3毫升，生抽4毫升，芝麻油、花椒油、辣椒油各适量

做法

1 西芹洗净切段；红小米椒洗净切圈。

2 沸水锅中倒入西芹段，拌匀，焯煮至断生，捞出；沸水锅中倒入猪蹄块，淋入料酒，去除血渍，捞出。

3 将红小米椒、盐、生抽、鸡粉、芝麻油、花椒油、辣椒油拌匀，制成味汁。

4 砂锅中注清水烧热，倒入猪蹄块、姜片、葱段、枸杞，煮熟透，捞出猪蹄，置于凉开水中，凉凉后装入盘中，撒上芹菜段，浇上味汁即可。

可乐猪蹄

🕐 23分钟　🍲 美容养颜

原料： 可乐250毫升，猪蹄400克，红椒15克，葱段、姜片各少许

调料： 盐3克，鸡粉、白糖各2克，料酒15毫升，生抽4毫升，水淀粉、芝麻油、食用油各适量

做法

1 洗净的红椒对半切开，去籽，切片。

2 锅中注入适量清水烧开，倒入洗好的猪蹄，搅散，淋入料酒，煮至沸，氽去血水，捞出，沥干水分，装盘。

3 热锅注油，放入姜片、葱段、猪蹄、生抽、料酒、可乐、盐、白糖、鸡粉，炒匀，焖至食材熟软，夹出葱段、姜片，倒入红椒片、水淀粉、芝麻油，炒匀，关火后盛入盘中即可。

扫一扫看视频

🕐 33分钟

美容养颜

红烧猪尾

原料： 猪尾350克，上海青80克，红曲米、八角、姜末、蒜末、葱段各少许

调料： 盐、鸡粉各2克，南乳、白糖各10克，老抽3毫升，食用油适量

烹饪小提示

在氽煮猪尾时，加入几块姜片，可以有效地去除猪尾的腥味，使这道菜肴味道更好。

做法

1 洗净的猪尾斩成小段；沸水锅中倒入料酒，放入猪尾，氽去血水，捞出。

2 另起锅，倒入清水烧开，淋入食用油，倒入上海青，焯烫半分钟，捞出。

3 炒锅注油烧热，放入白糖，倒入猪尾，炒匀，改大火，加入南乳，炒匀。

4 放入红曲米、八角、姜末、蒜末、葱段，爆香，淋入料酒，炒匀提味。

5 加入盐、鸡粉，倒入清水、老抽，炒匀，用小火焖30分钟，用大火收汁。

6 倒入水淀粉，炒匀，装入碗中，倒扣在盘上，在盘边摆上焯烫好的上海青即可。

青豆烧肥肠

🕐 12分钟　　😋 增强免疫力

扫一扫看视频

原料： 熟肥肠250克，青豆200克，泡朝天椒40克，姜片、蒜末、葱段各少许
调料： 豆瓣酱30克，盐、鸡粉各2克，花椒油、生抽各4毫升，料酒5毫升，
食用油适量

做法

1 熟肥肠切成小段；将泡朝天椒切成圈。

2 热锅注油烧热，倒入泡朝天椒、豆瓣酱、姜片、蒜末、葱段，翻炒片刻。

3 倒入肥肠、青豆，翻炒片刻，淋入料酒、生抽，注入清水，加入盐，炒匀。

4 中火煮至入味，加入鸡粉、花椒油，翻炒均匀，将炒好的菜盛出装入盘中即可。

肥肠香锅

🕐 8分钟　　☁ 养心润肺

原料： 肥肠200克，土豆120克，香叶、八角、花椒、干辣椒、姜片、蒜末、葱段各适量

调料： 盐3克，豆瓣酱10克，辣椒油、料酒各8毫升，白糖2克，水淀粉、生抽各5毫升，陈醋4毫升，老抽2毫升，食用油适量

做法

1 洗净去皮的土豆切成片；沸水锅中加入盐、土豆片，煮至其断生，捞出土豆片。

2 再倒入肥肠，淋入料酒，汆去异味，捞出；用油起锅，爆香姜片、蒜末、葱段。

3 倒入香叶、八角、花椒、干辣椒、肥肠、料酒、生抽、豆瓣酱、辣椒油，炒匀。

4 加入土豆片、清水、老抽、盐、鸡粉、白糖、陈醋、水淀粉炒匀，装入砂煲中，煲煮熟即可。

扫一扫看视频

豆腐焖肥肠

🕐 34分钟　🥘 开胃消食

原料: 豆腐200克,熟肥肠180克,红椒片、蒜片、葱段各少许

调料: 盐、鸡粉各2克,生抽5毫升,料酒4毫升,老抽2毫升,胡椒粉3克,水淀粉10毫升,食用油适量

做法

1 洗好的豆腐切成小方块;熟肥肠切成小段。

2 用油起锅,倒入肥肠,加入生抽,淋入料酒,加入老抽,炒匀。

3 倒入蒜片、葱段,注入清水,放入豆腐,加入料酒、盐,炒匀,用小火焖约30分钟。

4 放入红椒片,拌匀,转大火收汁,加入鸡粉、胡椒粉、水淀粉,炒匀,盛出即可。

扫一扫看视频

肚条烧韭菜花

🕐 3分钟　🥘 开胃消食

原料: 熟猪肚300克,韭菜花200克,红椒10克,青椒15克

调料: 盐、鸡粉、胡椒粉各2克,料酒5毫升,水淀粉少许,食用油适量

做法

1 洗好的韭菜花切成段;洗净去籽的红椒、青椒均切成条;熟猪肚切成条。

2 用油起锅,倒入切好的猪肚,淋入料酒,炒匀,放入切好的青椒、红椒,炒匀。

3 倒入韭菜花,加入盐、鸡粉、胡椒粉,炒匀,倒入适量水淀粉,翻炒均匀。

4 关火后盛出炒好的菜肴,装入盘中即可。

扫一扫看视频

彩椒炒猪腰

⏱ 13分钟　🥜 保肝护肾

原料： 猪腰150克，彩椒110克，姜末、蒜末、葱段各少许

调料： 盐5克，鸡粉3克，料酒15毫升，生粉10克，水淀粉5毫升，蚝油8克，食用油适量

做法

1 洗净的彩椒去籽，切成小块；洗好的猪腰切除筋膜，切上麦穗花刀，再切成片。

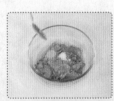

2 将猪腰装入碗中，放入盐、鸡粉、料酒、生粉，搅拌匀，腌渍10分钟。

3 沸水锅中放入盐、食用油、彩椒，煮熟后捞出；再将猪腰倒入锅中，汆熟后捞出。

4 用油起锅，爆香姜末、蒜末、葱段，倒入猪腰、料酒、彩椒，翻炒片刻。

烹饪小提示

汆煮好的猪腰可以再用清水清洗一下，这样能更好地去除猪腰的异味。

5 加入盐、鸡粉、蚝油、水淀粉，炒匀，关火后盛出炒好的食材，装盘即可。

x

酱爆猪肝

⏱ 4分钟 🍲 保肝护肾

原料： 猪肝500克，茭白250克，青椒、红椒各20克，蒜末、葱白、姜末各少许，甜面酱20克

调料： 盐2克，鸡粉1克，生抽、料酒、水淀粉、老抽、芝麻油、食用油各适量

做法

1 清水中放入猪肝，浸泡至去除血水；洗净的青椒、红椒均切块；茭白去皮，切片。

2 取出泡好的猪肝，切薄片，用盐、生抽、料酒、水淀粉腌渍至入味。

3 猪肝入油锅炒熟盛出；茭白入油锅炒熟盛出；锅中续注油，倒入蒜末、姜末、甜面酱。

4 放入猪肝、茭白、红椒、青椒、盐、鸡粉、老抽、水淀粉、芝麻油、葱白，炒匀即可。

泡椒爆猪肝

⏱ 2分钟　　🐷 益气补血

原料： 猪肝200克，水发木耳80克，胡萝卜60克，青椒20克，泡椒15克，姜片、蒜末、葱段各少许

调料： 盐4克，鸡粉3克，豆瓣酱8克，料酒、水淀粉各10毫升，食用油适量

做法

1 洗好的木耳、青椒均切成小块；去皮的胡萝卜切片；泡椒对半切开；猪肝切成片。

2 猪肝用盐、鸡粉、料酒、水淀粉腌渍至其入味；沸水锅中加入盐、食用油。

3 放入木耳、胡萝卜，煮熟后捞出；用油起锅，放入姜片、葱段、蒜末，爆香。

4 放入猪肝、豆瓣酱、木耳、胡萝卜、青椒、泡椒、水淀粉、盐、鸡粉炒匀即可。

扫一扫看视频

扫一扫看视频

杨桃炒牛肉

⏱ 3分钟　🍽 降低血压

原料： 牛肉130克，杨桃120克，彩椒50克，姜片、蒜片、葱段各少许

调料： 盐3克，鸡粉2克，食粉、白糖、蚝油、料酒、生抽、水淀粉、食用油各适量

做法

1 洗净的彩椒切成小块；洗好的牛肉切成片；洗净的杨桃切片。

2 把牛肉片装入碗中，放入生抽、食粉、盐、鸡粉、水淀粉，腌渍至其入味。

3 沸水锅中倒入牛肉，拌匀，氽煮至其变色后捞出，沥干水分，装入碗中。

4 用油起锅，爆香姜片、蒜片、葱段，倒入牛肉片、料酒、杨桃片、彩椒。

5 淋上生抽，放入蚝油、盐、鸡粉、白糖、水淀粉，炒匀，盛出菜肴即可。

南瓜炒牛肉

⏱ 2分钟　🍽 增强免疫力

原料： 牛肉175克，南瓜150克，青椒、红椒各少许

调料： 盐3克，鸡粉2克，料酒10毫升，生抽4毫升，水淀粉、食用油各适量

做法

1 洗好去皮的南瓜切成片；洗净的青椒、红椒均切成条形；洗净的牛肉切成片。

2 把牛肉片装入碗中，加入盐、料酒、生抽、水淀粉、食用油，腌渍片刻。

3 沸水锅中倒入南瓜片、青椒、红椒、食用油，煮熟后捞出。

4 用油起锅，倒入牛肉、料酒、焯过水的材料，加入盐、鸡粉、水淀粉，炒匀后盛出即可。

扫一扫看视频

⏱ 8分钟

🍽 增强免疫力

酱烧牛肉

原料： 牛肉300克，冰糖15克，干辣椒6克，花椒、八角、葱段、姜片、蒜末各少许

调料： 食粉2克，盐、鸡粉各3克，生抽7毫升，水淀粉15毫升，陈醋6毫升，料酒10毫升，豆瓣酱7克，食用油适量

烹饪小提示

切牛肉前可以先用刀背在牛肉上剁几下，这样炒出来的牛肉会比较嫩，口感更佳。

做法

1 洗好的牛肉切成片，用食粉、盐、鸡粉、生抽、水淀粉、食用油腌渍至其入味。

2 沸水锅中倒入牛肉片，搅散，煮至变色，将汆煮好的牛肉捞出，沥干水分。

3 热锅注油烧热，倒入牛肉片，搅匀，滑油半分钟，将炸好的牛肉捞出，沥干油。

4 锅底留油烧热，放入姜片、蒜末，爆香，加入干辣椒、花椒、八角、桂皮、冰糖。

5 倒入牛肉、料酒、生抽，再加入豆瓣酱、陈醋、盐、鸡粉，炒匀，注入清水。

6 用中火焖至食材熟软，倒入水淀粉勾芡，将炒好的菜肴盛出，撒上葱段即可。

葱韭牛肉

⏱ 70分钟　🍲 益气补血

原料： 牛腱肉300克，南瓜220克，韭菜70克，小米椒15克，泡小米椒20克，姜片、葱段、蒜末各少许

调料： 盐3克，鸡粉、豆瓣酱、料酒、生抽、老抽、五香粉、水淀粉、冰糖各适量

扫一扫看视频

做法

1 沸水锅中加入老抽、鸡粉、盐、牛腱肉、五香粉，拌匀，煮1小时，取出牛腱肉。

2 红小米椒切圈；泡小米椒切碎；韭菜切段；去皮的南瓜切小块；牛腱肉切小块。

3 用油起锅，爆香蒜末、姜片、葱段，放入小米椒、泡椒、牛肉、料酒、豆瓣酱。

4 加入生抽、老抽、盐、南瓜块、冰糖、水、鸡粉、韭菜段、水淀粉炒匀即可。

山楂菠萝炒牛肉

⏱ 5分钟 ☁ 益气补血

原料： 牛肉片200克，水发山楂片25克，菠萝600克，圆椒少许

调料： 番茄酱30克，盐3克，鸡粉2克，食粉少许，料酒6毫升，水淀粉、食用油各适量

做法

1 牛肉片用盐、料酒、食粉、水淀粉、食用油腌渍；将洗净的圆椒切成小块。

2 洗好的菠萝对半切开，取一半挖空果肉，制成菠萝盅，再把菠萝肉切小块。

3 热油锅中倒入牛肉、圆椒，炸香后捞出；锅底留油烧热，倒入山楂片、菠萝肉。

4 放入番茄酱、牛肉、圆椒、料酒、盐、鸡粉、水淀粉，炒匀，盛出菜肴即可。

扫一扫看视频

茄子焖牛腩

🕐 6分钟　　🍲 降压降糖

原料： 茄子200克，红椒、青椒各35克，熟牛腩150克，姜片、蒜末、葱段各少许

调料： 豆瓣酱7克，盐3克，鸡粉2克，老抽2毫升，料酒4毫升，生抽6毫升，水淀粉、食用油各适量

做法

1 洗净去皮的茄子切成丁；洗好的青椒、红椒均去籽，再切成丁；熟牛腩切成小块。

2 热锅注油烧热，放入茄子丁，炸至断生后捞出；用油起锅，爆香姜片、蒜末、葱段。

3 放入牛腩、料酒、豆瓣酱，倒入生抽、老抽，注入清水，放入茄子、红椒、青椒。

4 加入盐、鸡粉，炒匀，倒入水淀粉，快速翻炒至食材熟透，关火后盛出即成。

扫一扫看视频

香辣牛腩煲

🕐 17分钟　　🍲 益智健脑

原料： 熟牛腩200克，姜片、葱段、山楂干、草果各15克，干辣椒10克，冰糖30克，蒜头35克，八角8克

调料： 盐、鸡粉各2克，料酒、辣椒油各10毫升，豆瓣酱10克，陈醋8毫升，水淀粉5毫升

做法

1 熟牛腩切成小块；洗净的蒜头切成片。

2 热油起锅，倒入洗净的草果、八角、山楂干，加入蒜片、干辣椒、冰糖、牛腩，炒匀。

3 淋入料酒，加入豆瓣酱、陈醋，炒匀，放入清水、盐、鸡粉、辣椒油，焖至食材熟透。

4 倒入水淀粉，炒匀，装入砂煲中，置于旺火上，烧热后取下砂煲，撒上葱段即可。

扫一扫看视频

魔芋烧牛舌

🕐 5分钟　🐷 益气补血

原料： 卤牛舌230克，魔芋300克，泡椒25克，姜片、蒜末、葱段各少许

调料： 盐、鸡粉各3克，料酒、生抽、水淀粉、豆瓣酱、辣椒酱、食用油各适量

做法

1 洗好的魔芋切成小丁块；将卤牛舌切成薄片；泡椒去蒂，对半切开。

2 沸水锅中加入盐，倒入魔芋，煮至其断生，捞出焯煮好的魔芋，沥干水分。

3 用油起锅，爆香蒜末、姜片、葱段、泡椒，倒入卤牛舌、料酒、魔芋、辣椒酱。

4 加入清水、盐、鸡粉、豆瓣酱、生抽，炒匀，倒入水淀粉勾芡，盛出即可。

扫一扫看视频

回锅牛蹄筋

🕐 3分钟　🍠 益气补血

原料： 牛蹄筋块150克，青椒、红椒各30克，花椒、八角、姜片、蒜末、葱段各少许

调料： 盐、鸡粉各2克，生抽6毫升，豆瓣酱10克，料酒3毫升，水淀粉8毫升，食用油适量

> **做法**

1 洗净的青椒、红椒均去籽，切小块。

2 沸水锅中加入盐，倒入牛蹄筋，焯煮后捞出，沥干水分。

3 用油起锅，爆香花椒、八角、姜片、蒜末、葱段，放入青椒、红椒，快速炒匀。

4 放入牛蹄筋、生抽、豆瓣酱、料酒、清水、盐、鸡粉、水淀粉，炒匀，盛出即可。

扫一扫看视频

红烧牛肚

🕐 6分钟　🍠 益气补血

原料： 牛肚270克，蒜苗120克，彩椒40克，姜片、蒜末、葱段各少许

调料： 盐、鸡粉各2克，蚝油7克，豆瓣酱10克，生抽、料酒各5毫升，老抽6毫升，水淀粉、食用油各适量

> **做法**

1 洗净的蒜苗切成段；洗好的彩椒切菱形块；处理干净的牛肚切薄片。

2 沸水锅中倒入牛肚，拌匀，汆去异味，捞出材料，沥干水分。

3 用油起锅，爆香姜片、蒜末、葱段，倒入牛肚、料酒、彩椒、蒜苗梗，炒匀。

4 加入生抽、豆瓣酱、清水、盐、鸡粉、蚝油、老抽，放入蒜苗叶、水淀粉，翻炒至熟透，盛出菜肴即可。

扫一扫看视频

金针菇炒羊肉卷

🕐 5分钟　　🍚 开胃消食

原料： 羊肉卷170克，金针菇200克，干辣椒30克，姜片、蒜片、葱段、香菜段各少许

调料： 料酒8毫升，生抽10毫升，盐、蚝油各4克，水淀粉4毫升，老抽2毫升，鸡粉2克，白胡椒粉、食用油各适量

做法

1 洗净的羊肉卷切成片；洗净的金针菇切去根部。

2 羊肉片装入碗中，放入料酒、生抽、盐、白胡椒粉、水淀粉，拌匀，腌渍片刻。

3 沸水锅中倒入金针菇，焯熟后捞出；再倒入羊肉片，氽煮去杂质，捞出。

4 用油起锅，放入姜片、蒜片、葱段、干辣椒、羊肉片、料酒、生抽、老抽、蚝油。

5 加入金针菇、盐、鸡粉、香菜段，炒匀，关火后将炒好的菜肴盛入盘中即可。

烹饪小提示

不习惯羊肉的膻味者，可在腌渍时多放点料酒。

红酒炖羊排

🕐 57分钟　🍽 增强免疫力

扫一扫看视频

原料： 羊排骨段300克，芋头180克，胡萝卜块120克，芹菜50克，红酒180毫升，蒜头、姜片、葱段各少许

调料： 盐2克，白糖、鸡粉各3克，生抽5毫升，料酒6毫升，食用油适量

做法

1 去皮洗净的芋头切成小块；洗净的芹菜切长段；芋头块入油锅炸香后捞出。

2 沸水锅中倒入洗净的羊排骨段，淋入料酒，拌匀，汆去血水，捞出。

3 用油起锅，倒入羊肉、蒜头、姜片、葱段，加入红酒，倒入清水，煮至熟软。

4 加入芋头、胡萝卜块、盐、白糖、生抽、芹菜段、鸡粉，炒匀，盛出即可。

扫一扫看视频

🕐 35分钟

保肝护肾

鲜椒蒸羊排

原料： 羊排段300克，青椒、红椒、剁椒各25克，姜蓉10克，葱花3克
调料： 胡椒粉1克，盐2克，料酒8毫升

烹饪小提示

羊排汆水时可加入少许料酒，能减轻膻味，改善口感，使这道菜肴更加美味。

做法

1 将洗净的红椒切丁；洗好的青椒切丁。

2 锅中注入清水烧开，倒入洗净的排骨段，汆去血渍，捞出，沥干水分。

3 清洗干净后装入碗中，加入料酒、姜蓉、盐、胡椒粉、剁椒，拌匀。

4 倒入青椒丁、红椒丁，拌匀，腌渍一会儿，再转入蒸盘中，摆好造型。

5 备好电蒸锅，烧开水后放入蒸盘，盖上盖，蒸约30分钟，至食材熟透。

6 取出蒸盘，趁热撒上葱花即可。

土豆炖羊肚

⏱ 38分钟　　🫕 益气补血

原料： 羊肚500克，土豆300克，红椒15克，桂皮、八角、花椒、葱段、姜片各少许

调料： 盐2克，鸡粉3克，水淀粉、生抽、蚝油、料酒各适量

做法

1 沸水锅中放入羊肚、料酒，汆煮后捞出；另起锅，放入清水、羊肚、葱段、八角。

2 加入桂皮、料酒，汆煮后捞出羊肚，放凉后切成小块；红椒、去皮土豆均切块。

3 用油起锅，爆香姜片、葱段，放入羊肚、花椒、料酒、清水、生抽、盐、蚝油。

4 放入土豆，炖至熟，倒入红椒、鸡粉、水淀粉、葱段，炒匀，盛出菜肴即可。

葱油拌羊肚

⏱ 5分钟　🫘 益气补血

原料： 熟羊肚400克，大葱50克，蒜末少许

调料： 盐2克，生抽、陈醋各4毫升，葱油、辣椒油各适量

> **做法**

1 将洗净的大葱切开，切成丝；洗净的羊肚切块，切细条。

2 锅中注入适量清水烧开，放入羊肚条，煮至沸，将羊肚条捞出，沥干水分。

3 将羊肚条倒入碗中，加入大葱、蒜末。

4 放盐、生抽、陈醋、葱油、辣椒油，拌匀，装入盘中即可。

红枣板栗焖兔肉

⏱ 57分钟　🫘 益气补血

原料： 兔肉块230克，板栗肉80克，红枣15克，姜片、葱条各少许

调料： 料酒7毫升，盐、鸡粉各2克，胡椒粉3克，芝麻油3毫升，水淀粉10毫升

> **做法**

1 沸水锅中倒入兔肉块，放入料酒、姜片、葱条，略煮一会儿后捞出。

2 用油起锅，放入兔肉块，炒匀，倒入姜片、葱条、料酒、清水、红枣、板栗肉，焖40分钟，加入盐、鸡粉、胡椒粉、芝麻油，拌匀。

3 转大火收汁，用水淀粉勾芡，关火后盛出菜肴即可。

扫一扫看视频

PART 04 绝味禽蛋，饭桌上的嫩滑美味

　　面对丰富的禽蛋食材时，相当多的人都会感到无从选择，不知道该如何下手。本章将奉上各式经典家常禽蛋菜肴，嫩滑可口、风味各异、易消化吸收，相信您和家人一定可以从中获得健康与美味的双重享受。

扫一扫看视频

⏱ 3分钟

瘦身排毒

白果鸡丁

原料： 鸡胸肉300克，彩椒60克，白果120克，姜片、葱段各少许

调料： 盐适量，鸡粉2克，水淀粉8克，生抽、料酒、食用油各少许

烹饪小提示

鸡肉丁宜用大火快炒，这样炒出的鸡肉口感更加嫩滑，整道菜肴的味道会大大加分！

做法

1 洗净的彩椒切成小块；洗好的鸡胸肉切成丁。

2 将鸡肉丁装入碗中，放入盐、鸡粉、水淀粉、食用油，腌渍至其入味。

3 沸水锅中加入盐、食用油、白果、彩椒块，拌匀，焯煮片刻，捞出。

4 热锅注油烧热，倒入鸡肉丁，炸至变色，捞出。

5 锅底留油，爆香姜片、葱段，倒入白果、彩椒、鸡肉丁、料酒、盐、鸡粉。

6 淋入水淀粉、生抽，炒匀，关火后盛出炒好的菜肴，装入盘中即可。

酱爆鸡丁

⏱ 3分钟　　☁ 增强免疫力

扫一扫看视频

原料：鸡脯肉350克，黄瓜150克，彩椒50克，姜末10克，蛋清20克

调料：黄豆酱10克，水淀粉、老抽、料酒各5毫升，生粉3克，白糖、鸡粉各2克，盐、食用油各适量

做法

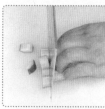

1 洗净的黄瓜切成丁；洗净的彩椒去籽，切块；处理好的鸡肉切条，再切成丁。

2 将鸡肉装入碗中，加入盐、料酒，倒入蛋清、生粉、食用油，拌匀腌渍至入味。

3 用油起锅，倒入鸡肉、黄瓜、彩椒，滑油后捞出；用油起锅，倒入姜末、黄豆酱。

4 加入清水、白糖、鸡粉、鸡丁、黄瓜、彩椒、老抽、水淀粉，炒匀，盛出即可。

腰果炒鸡丁

扫一扫看视频

⏱ 5分钟　　🫘 增强免疫力

原料： 鸡肉丁250克，腰果80克，青椒丁、红椒丁各50克，姜末、蒜末各少许
调料： 盐3克，干淀粉5克，黑胡椒粉2克，料酒7毫升，食用油10毫升

做法

1 取一碗，加入干淀粉、黑胡椒粉、料酒、鸡肉丁，拌匀，腌渍片刻。

2 热锅注油，放入腰果，小火翻炒至微黄色，将炒好的腰果盛出，装入盘中。

3 锅底留油，爆香姜末、蒜末，放入鸡肉丁，翻炒约2分钟至转色。

4 倒入青椒丁、红椒丁，加入盐、腰果，炒匀，关火后将炒好的菜肴盛出即可。

扫一扫看视频

冬菜蒸白切鸡

🕐 21分钟　☁ 增强免疫力

原料： 白切鸡800克，冬菜80克，枸杞15克，姜末、葱花各少许

调料： 盐、鸡粉各2克，胡椒粉、食用油各适量

做法

1 处理好的白切鸡斩成块，装入碗中，加入冬菜、盐、鸡粉、胡椒粉，搅匀。

2 蒸锅上火烧开，放上白切鸡，中火蒸20分钟酥软，取出白切鸡。

3 取一个盘，将白切鸡倒扣在盘里，依次将姜末、枸杞、葱花放在鸡肉上，待用。

4 热锅注入少许食用油，烧至八成热，浇在鸡肉上即可。

扫一扫看视频

鲜菇蒸土鸡

🕐 30分钟　☁ 增强免疫力

原料： 平菇150克，土鸡250克，葱段10克，姜丝5克

调料： 盐3克，生抽5毫升，料酒7毫升，干淀粉8克

做法

1 土鸡装入碗中，加入料酒、姜丝、葱段，再放入生抽、盐，搅拌匀，腌渍15分钟至入味，倒入备好的干淀粉，搅拌均匀。

2 将洗净的平菇撕碎，铺在鸡肉上。

3 备好电蒸锅烧开，放入土鸡肉，蒸至鸡肉完全熟透。

4 掀开锅盖，将鸡肉取出，将土鸡倒扣在盘中即可。

扫一扫看视频

板栗蒸鸡

🕐 35分钟　　🍲 健脾止泻

原料： 鸡肉块130克，板栗肉80克，葱段8克，姜片4克，葱花3克
调料： 盐2克，白糖3克，老抽2毫升，生抽6毫升，料酒8毫升

做法

1 将洗净的板栗肉对半切开。

2 把鸡肉装碗中，倒入料酒、生抽、姜片、葱段、盐、老抽、白糖，拌匀，腌渍。

3 加入板栗，搅拌一会儿，使食材混合均匀，再转到蒸盘中，摆好形状。

4 备好电蒸锅，烧开水后放入蒸盘，盖上盖，蒸约30分钟，至食材熟透。

5 断电后揭开锅盖，取出蒸盘，趁热撒上葱花即可。

烹饪小提示

腌渍鸡肉的时间可以长一些，蒸熟后口感会更佳。

酱香土豆炖鸡块

🕐 17分钟　😋 瘦身排毒

扫一扫看视频

原料：鸡块800克，土豆400克，葱段10克，姜片15克

调料：黄豆酱15克，生抽、料酒各5毫升，盐3克，鸡粉2克，老抽3毫升，食用油适量

做法

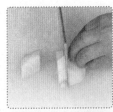

1 洗净去皮的土豆切成块状。

2 热锅注油烧热，倒入土豆块、鸡块，翻炒出香，倒入姜片、葱段，翻炒出香味。

3 倒入黄豆酱，加入料酒、生抽，翻炒均匀，注入清水，放入老抽、盐。

4 烧开后转小火焖至熟透，加入鸡粉，快速炒匀，将炒好的菜盛出装入盘中即可。

三味南瓜鸡

⏱ 80分钟　🍲 降低血压

原料： 鸡肉750克，去皮南瓜300克，洋葱100克，陈皮、郁金、香附各5克，姜片、葱段各少许

调料： 盐1克，生抽、料酒各5毫升，水淀粉、冰糖各少许，食用油适量

扫一扫看视频

做法

1 洗净的南瓜切块；洗好的洋葱切片；沸水锅中倒入鸡肉、料酒，氽熟后捞出。

2 沸水锅中倒入陈皮、郁金、香附，煮30分钟，盛出药汁；用油起锅，爆香葱段、姜片。

3 放入洋葱、鸡肉、料酒、生抽，炒匀，倒入药汁、南瓜，加入清水、盐，拌匀。

4 焖至食材熟软，倒入冰糖，拌匀，续煮至食材入味，用水淀粉勾芡，盛出即可。

扫一扫看视频

红葱头鸡

⏱ 17分钟　🍲 开胃消食

原料： 鸡腿肉270克，红葱头60克，生姜30克

调料： 盐、鸡粉各少许，食用油适量

做法

1 将洗净的红葱头切细末；去皮洗净的生姜切末。

2 取一味碟，倒入红葱末，撒上姜末，再盛入热油，加入鸡粉、盐，拌匀，调成味汁。

3 沸水锅中放入洗净的鸡腿，用中小火煮至食材熟透，关火后捞出材料，浸入凉开水中，去除油脂。

4 取出鸡腿，沥干水分，放凉后切成小块，摆放在盘中，最后均匀地浇上味汁即可。

扫一扫看视频

歌乐山辣子鸡

⏱ 2分钟　🍲 美容养颜

原料： 鸡腿肉300克，干辣椒30克，芹菜12克，彩椒10克，葱段、蒜末、姜末各少许

调料： 盐3克，鸡粉少许，料酒4毫升，辣椒油、食用油各适量

做法

1 将洗净的鸡腿肉切小块；洗好的芹菜斜刀切段；洗净的彩椒切菱形片。

2 热锅注油烧热，倒入鸡块，炸至食材断生后捞出，沥干油。

3 用油起锅，倒入姜末、蒜末、葱段，爆香，倒入鸡块、料酒，炒出香味。

4 放入干辣椒，炒出辣味，加入盐、鸡粉、芹菜和彩椒，炒匀。

5 淋入辣椒油，炒匀，至食材入味，关火后盛出炒好的菜肴即可。

扫一扫看视频

⏱ 6分钟

🐷 增强免疫力

蜜酱鸡腿

原料： 鸡腿350克，朗姆酒70毫升，草果、八角各2个，桂皮1片，葱段25克，白芝麻10克，姜末、生菜丝各适量

调料： 白糖、白胡椒粉各5克，料酒5毫升，蜂蜜15克，生抽各15毫升，食用油适量

烹饪小提示

可在最后煮制鸡腿肉时加点柠檬汁，起到提鲜开胃的作用。

做法

1 草果切碎；桂皮切碎；八角掰开，用刀背拍碎。

2 洗净的鸡腿去骨，划数道一字刀，装入碗中，倒入姜末、草果、桂皮、八角。

3 放入朗姆酒、生抽、白胡椒粉、白糖，拌匀，用保鲜膜封口，入冰箱保鲜至入味。

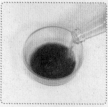

4 另取一小碗，倒入蜂蜜、朗姆酒、生抽、料酒，拌匀，入锅煮成酱汁。

5 热锅注油，放入鸡腿肉，用小火稍煎，放入葱段，用刷子将酱汁刷在鸡腿肉上。

6 煎至鸡腿肉表皮焦黄，取出，切片，放入摆有生菜丝的盘中，撒上白芝麻即可。

茶香卤鸡腿

⏱ 37分钟　🍖 增强免疫力

扫一扫看视频

原料： 鸡腿400克，普洱茶500毫升，姜片、大葱段、蒜头、八角、香叶、花椒、桂皮、草果各少许，干辣椒6克，葱花适量

调料： 盐2克，老抽4毫升，料酒、生抽、食用油各适量

做法

1 沸水锅中倒入鸡腿，汆煮片刻，关火后捞出汆煮好的鸡腿，沥干水分。

2 用油起锅，倒入八角、香叶、花椒、桂皮、草果、姜片、大葱段、蒜头、料酒、生抽。

3 倒入普洱茶、鸡腿，大火煮沸，放入干辣椒、老抽、盐，卤至食材熟透。

4 取出卤好的鸡腿，切成小块，装入盘中，撒上葱花即可。

扫一扫看视频

酱汁鸡翅

⏱ 7分钟　🍲 开胃消食

原料： 鸡翅500克，姜片、蒜瓣、葱花、八角各少许

调料： 陈醋3毫升，老抽4毫升，白糖2克，料酒7毫升，生抽10毫升，食用油适量

做法

1 处理干净的鸡翅上划上一字花刀，将盐均匀地撒在鸡翅上，抹匀腌渍片刻。

2 热锅注油烧热，倒入鸡翅，加入姜片、蒜瓣、八角，炒匀。

3 淋入料酒、生抽，炒匀，注入清水，倒入陈醋、老抽、白糖，翻炒匀。

4 焖至食材熟透，大火收汁，将煮好的鸡翅盛出装入盘中，撒上葱花即可。

扫一扫看视频

啤酒鸡翅

🕐 15分钟　☁ 增强免疫力

原料： 鸡翅700克，啤酒150毫升，葱段、姜丝各5克

调料： 老抽3毫升，生抽5毫升，盐、白糖各2克，食用油适量

做法

1 取一个大碗，倒入鸡翅，注入适量开水，浸泡10分钟去除血水，将其捞出沥干待用。

2 热锅注油烧热，倒入鸡翅，煎出香味，倒入姜丝、葱段，倒入啤酒。

3 加入老抽、生抽、盐、白糖，搅匀调味，盖上锅盖，烧开后转中火焖至熟透。

4 掀开锅盖，大火收汁，关火，将煮好的鸡翅盛出装入盘中即可。

扫一扫看视频

香辣鸡翅

🕐 7分钟　☁ 增强免疫力

原料： 鸡翅270克，干辣椒15克，蒜末、葱花各少许

调料： 盐3克，生抽3毫升，白糖、料酒、辣椒油、辣椒面、食用油各适量

做法

1 洗净的鸡翅装入碗中，加入盐、生抽、白糖、料酒，拌匀，腌渍片刻。

2 热油锅中放入鸡翅，用小火炸至其呈金黄色，捞出，沥干油。

3 锅底留油烧热，倒入蒜末、干辣椒，爆香，放入鸡翅、料酒、生抽、辣椒面。

4 淋入辣椒油，加入盐、葱花，炒匀，关火后盛出炒好的鸡翅，装入盘中即可。

扫一扫看视频

板栗烧鸡翅

🕐 40分钟　　🫘 增强免疫力

原料： 鸡中翅350克，板栗仁160克，花椒、姜片各5克，八角2个，蒜片、葱段各10克

调料： 盐3克，白砂糖2克，生抽5毫升，料酒6毫升，老抽2毫升，食用油适量

做法

1 热锅注油，放入姜片、葱段、蒜片，大火爆香。

2 放入洗净切好的鸡中翅，煎至鸡中翅表面呈微黄色。

3 加入料酒、老抽、生抽，翻炒约2分钟至鸡中翅着色均匀。

4 倒入板栗仁，炒匀，注入清水，放入八角、花椒、白砂糖，搅匀。

烹饪小提示

若口味偏辣，可先在油锅爆香干辣椒，再放鸡翅烹制。

5 用大火煮开后转小火续煮30分钟，加入盐，炒匀，关火后盛出菜肴，装盘即可。

黄蘑焖鸡翅

⏱ 34分钟　🍲 增强免疫力

扫一扫看视频

原料： 黄蘑220克，鸡翅180克，姜片、蒜片、八角、桂皮、花椒、香菜碎各适量

调料： 盐3克，鸡粉、白糖各2克，胡椒粉少许，蚝油8克，老抽3毫升，生抽4毫升，料酒5毫升，水淀粉、食用油各适量

做法

1 将洗净的黄蘑切段；鸡翅切上花刀，用盐、鸡粉、胡椒粉、料酒、老抽腌渍。

2 沸水锅中倒入黄蘑，焯煮后捞出；用油起锅，撒上八角、桂皮、花椒，爆香。

3 倒入姜片、蒜片，炒香，放入鸡翅、黄蘑、料酒、生抽、蚝油，炒匀，注入清水，搅匀。

4 焖至食材熟透，加入盐、鸡粉、白糖、水淀粉，炒匀，盛出，撒上香菜碎即可。

滑炒鸭丝

⏱ 2分钟　　🫘 清热解毒

原料： 鸭肉160克，彩椒60克，香菜梗、姜末、蒜末、葱段各少许

调料： 盐3克，鸡粉1克，生抽、料酒各4毫升，水淀粉、食用油各适量

做法

1 将洗净的彩椒切成条；洗好的香菜梗切段；将洗净的鸭肉切成丝，装入碗中。

2 倒入生抽、料酒、盐、鸡粉、水淀粉、食用油，腌渍至鸭肉丝入味。

3 用油起锅，放入蒜末、姜末、葱段、鸭肉丝、料酒、生抽、彩椒，炒匀。

4 放入盐、鸡粉、水淀粉、香菜段，炒匀，盛出菜肴即可。

扫一扫看视频

扫一扫看视频

蒜薹炒鸭片

⏱ 2分钟　☁ 增强免疫力

原料：蒜薹120克，彩椒30克，鸭肉150克，姜片、葱段各少许

调料：盐、鸡粉、白糖各2克，生抽6毫升，料酒8毫升，水淀粉9毫升，食用油适量

做法

1 洗净的蒜薹切成长段；洗好的彩椒切丝；处理干净的鸭肉去皮，切片。

2 鸭肉用生抽、料酒、水淀粉、食用油腌渍；沸水中加入食用油、盐、彩椒、蒜薹。

3 将煮至断生的食材捞出，沥干水分；用油起锅，爆香姜片、葱段，倒入鸭肉、料酒，倒入焯煮好的食材。

4 加入盐、白糖、鸡粉、生抽、水淀粉，炒匀，盛出即可。

彩椒黄瓜炒鸭肉

⏱ 5分钟　☁ 增强免疫力

原料：鸭肉180克，黄瓜90克，彩椒30克，姜片、葱段各少许

调料：生抽5毫升，盐、鸡粉各2克，水淀粉8毫升，料酒、食用油各适量

做法

1 洗净的彩椒去籽，切成小块；洗好的黄瓜切成块；处理干净的鸭肉去皮，切丁。

2 将鸭肉装入碗中，淋入生抽、料酒，加入水淀粉，拌匀，腌渍至其入味。

3 用油起锅，爆香姜片、葱段，倒入鸭肉、料酒、彩椒、黄瓜，翻炒均匀。

4 加入盐、鸡粉、生抽、水淀粉，翻炒至食材入味，关火后盛出炒好的菜肴即可。

扫一扫看视频

33分钟

清热解毒

柚皮炆鸭

原料：鸭肉250克，泡过的柚子皮80克，蒜头4瓣，白酒30毫升，红彩椒5克，香菜适量
调料：盐、鸡粉各1克，柱侯酱10克，白糖2克，生抽、料酒、水淀粉、食用油各5毫升

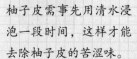

烹饪小提示

柚子皮需事先用清水浸泡一段时间，这样才能去除柚子皮的苦涩味。

做法

1 柚子皮切开，改切小块；洗净的红彩椒切小块。

2 锅中注油烧热，倒入蒜头，爆香，放入鸭肉，略煎炒至微黄。

3 加入料酒，放入柱侯酱，翻炒均匀，加入生抽，拌匀。

4 倒入白酒，注入清水，倒入柚子皮，加入盐、白糖，拌匀。

5 加盖，用大火煮开后转小火炆30分钟，倒入红彩椒，稍煮片刻至其断生。

6 加入鸡粉，拌匀，用水淀粉勾芡，关火后盛出菜肴，摆上香菜点缀即可。

酸辣魔芋烧鸭

⏱ 43分钟　🫘 降低血糖

扫一扫看视频

原料： 魔芋黑糕300克，鸭肉块400克，泡朝天椒20克，泡姜15克，八角1个，小茴香、花椒各10克

调料： 盐2克，白糖、鸡粉各3克，郫县豆瓣酱40克，生抽、料酒各5毫升，水淀粉、食用油各适量

做法

1 泡姜切片；洗净的泡朝天椒对半切开；魔芋黑糕切块，用清水浸泡片刻后捞出。

2 将魔芋块放入沸水锅中，焯熟后捞出；沸水锅中倒入鸭肉块，余熟后捞出。

3 用油起锅，倒入鸭肉、八角、花椒、小茴香，放入豆瓣酱、泡姜片、泡朝天椒。

4 加入料酒、生抽、清水、魔芋、盐、鸡粉、白糖、水淀粉，炒匀，盛出即可。

105

酱鸭子

🕐 37分钟　　清热解毒

原料：鸭肉650克，八角、桂皮、香葱、姜片各少许
调料：甜面酱10克，料酒、老抽各5毫升，生抽10毫升，白糖、盐各3克，食用油适量

扫一扫看视频

 做法

1 将处理好的鸭肉上抹上老抽、甜面酱，腌渍两个小时至入味。

2 热锅注油烧热，放入鸭肉，煎出香味，至两面微黄，盛出，装入盘中待用。

3 锅底留油烧热，倒入八角、桂皮、姜片、香葱、清水、生抽、老抽、料酒、白糖。

4 放入盐、鸭肉，煮至熟透，盛出鸭肉，斩成块状装盘，将汤汁浇在鸭肉上即可。

扫一扫看视频

粉蒸鸭块

🕐 48分钟　🐷 益气补血

原料：鸭块400克，蒸肉米粉60克，姜蓉、葱段各5克，葱花3克

调料：盐2克，生抽、料酒各8毫升，食用油适量

做法

1 把鸭块装入碗中，倒入料酒、姜蓉、葱段，放入生抽，加入盐，注入食用油，拌匀，腌渍约15分钟。

2 取腌渍好的鸭块，加入蒸肉米粉，拌匀，再放入蒸盘中，摆放好。

3 备好电蒸锅，烧开水后放入蒸盘，盖上盖，蒸约30分钟，至食材熟透。

4 断电后揭盖，取出蒸盘，撒上葱花即可。

扫一扫看视频

丁香鸭

🕐 32分钟　🐷 保肝护肾

原料：鸭肉400克，桂皮、八角、丁香、草豆蔻、花椒各适量，姜片、葱段各少许

调料：盐2克，冰糖20克，料酒5毫升，生抽6毫升，食用油适量

做法

1 将洗净的鸭肉斩成小件，放入沸水锅中，淋入料酒，拌匀，氽熟后捞出。

2 用油起锅，撒上姜片、葱段，爆香，倒入鸭肉，淋入料酒、生抽，炒匀炒透。

3 加入冰糖，放入桂皮、八角、丁香、草豆蔻、花椒，炒匀，注入清水，大火煮沸，加入盐，转中小火焖煮至食材熟透。

4 拣出姜、葱及其他香料，大火收汁后盛出即可。

山药酱焖鸭

🕐 48分钟　🫘 保肝护肾

原料：鸭肉块400克，山药250克，姜片、葱段、桂皮、八角各少许，绍兴黄酒70毫升
调料：盐、鸡粉各2克，白糖少许，黄豆酱20克，水淀粉、食用油各适量

做法

1 将去皮洗净的山药切滚刀块；沸水锅中倒入洗净的鸭肉块，汆去血渍，捞出。

2 用油起锅，倒入八角、桂皮，撒上姜片，爆香，放入鸭肉块、黄豆酱，炒匀。

3 淋入生抽，炒匀，倒入绍兴黄酒、清水，用大火煮至沸，加入盐，焖至食材熟软。

4 倒入山药，拌匀，用小火续煮至食材熟透，转大火收汁，加入鸡粉、白糖。

5 撒上葱段，炒出葱香味，用水淀粉勾芡，关火后盛出焖好的菜肴，装入盘中即可。

烹饪小提示

汆煮鸭肉时，可淋入少许料酒，能减轻其腥味。

酱香鸭翅

⏱ 24分钟　🍲 开胃消食

扫一扫看视频

原料：鸭翅300克，青椒80克，去皮胡萝卜60克，朝天椒段10克，干辣椒段5克，姜丝少许

调料：料酒5毫升，沙茶酱、柱侯酱各20克，食用油适量

做法

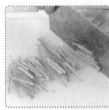

1 洗好的青椒去籽，切成丝；洗净的胡萝卜切丝；洗好的鸭翅切成段。

2 鸭翅用干辣椒段、朝天椒段、柱侯酱、沙茶酱、料酒腌渍至鸭翅入味。

3 另起锅注油，倒入鸭翅，煎片刻至香味析出，放入姜丝，注入清水，拌匀。

4 用中火焖至熟软，倒入胡萝卜丝、青椒丝，炒至断生，关火后盛出菜肴即可。

扫一扫看视频

茶树菇炖鸭掌

⏱ 32分钟　🥘 防癌抗癌

原料： 鸭掌200克，水发茶树菇90克，姜片、蒜末、葱段各少许
调料： 盐、鸡粉各2克，料酒18毫升，豆瓣酱、南乳各10克，蚝油5克，水淀粉10毫升，食用油适量

做法

1 洗好的茶树菇切去根部；洗净的鸭掌去除爪尖，斩成小块。

2 沸水锅中倒入鸭掌、料酒，拌匀，氽去血水后捞出。

3 用油起锅，放入姜片、蒜末、葱段、鸭掌、料酒、豆瓣酱、盐、鸡粉、南乳。

4 加入清水、茶树菇，焖30分钟，加入蚝油、水淀粉，炒匀，关火后盛出即可。

扫一扫看视频

扫一扫看视频

温州酱鸭舌

🕐 23分钟　🥘 美容养颜

原料： 鸭舌120克，香葱1把，蒜头2个，姜片少许

调料： 盐、鸡粉各1克，料酒、老抽各5毫升，冰糖30克，食用油适量

做法

1 沸水锅中倒入洗好的鸭舌，汆煮一会儿，去除腥味及脏污，捞出汆好的鸭舌，沥干水分，装盘待用。

2 热锅注油，倒入香葱、姜片、蒜头，爆香，倒入汆好的鸭舌。

3 加入老抽、料酒，注入适量清水，加入冰糖、盐、鸡粉，搅拌均匀。

4 加盖，用大火煮开后转小火焖20分钟至入味，揭盖，关火后盛出焖好的鸭舌，装盘即可。

彩椒炒鸭肠

🕐 2分钟　🥘 降压降糖

原料： 鸭肠70克，彩椒90克，姜片、蒜末、葱段各少许

调料： 豆瓣酱5克，盐3克，鸡粉2克，生抽3毫升，料酒、水淀粉、食用油各适量

做法

1 将洗净的彩椒切成粗丝；洗好的鸭肠切成段。

2 把鸭肠放在碗中，加入盐、鸡粉、料酒、水淀粉，搅匀，腌渍至其入味。

3 沸水锅中倒入鸭肠，搅匀，煮约1分钟，捞出煮好的鸭肠，沥干水分。

4 用油起锅，放入姜片、蒜末、葱段、鸭肠、料酒、生抽、彩椒丝，炒匀。

5 注入清水，加入鸡粉、盐、豆瓣酱、水淀粉，炒匀，关火后盛出即可。

五香酱鸭肝

🕐 63分钟　🍲 保肝护肾

原料： 鸭肝130克，桂皮、香叶各2片，八角、草果各2个，茴香6克
调料： 盐1克，老抽5毫升，料酒10毫升，食用油适量

扫一扫看视频

做法

1 沸水锅中倒入洗净的鸭肝，淋入料酒，搅匀，汆去血水，捞出，沥干水分。

2 砂锅注入清水，倒入桂皮、八角、草果、茴香、香叶，放入鸭肝，拌匀。

3 加入盐、剩余料酒、老抽，搅拌均匀，用大火煮开后转小火焖至入味。

4 揭盖，取出煮好的鸭肝，将鸭肝装入盘中即可。

扫一扫看视频

韭菜花酸豆角炒鸭胗

🕐 3分钟　　☁ 增强免疫力

原料： 鸭胗150克，酸豆角110克，韭菜花105克，油炸花生米70克，干辣椒20克

调料： 料酒10毫升，生抽、辣椒油各5毫升，盐、鸡粉各2克，食用油适量

做法

1 择洗好的韭菜花、酸豆角均切成小段；油炸花生米用刀面拍碎；处理好的鸭胗切粒。

2 锅中注入清水并烧开，倒入鸭胗，淋入料酒，汆煮片刻，将鸭胗捞出，沥干水分。

3 热锅注油烧热，倒入干辣椒、鸭胗、酸豆角、料酒、生抽、花生碎、韭菜花，炒匀。

4 加入盐、鸡粉、辣椒油，炒匀调味，将炒好的菜盛入盘中即可。

扫一扫看视频

菌菇炒鸭胗

🕐 2分钟　　☁ 降低血压

原料： 白玉菇100克，香菇35克，鸭胗95克，彩椒30克，姜片、蒜末、葱段各少许

调料： 盐3克，鸡粉2克，料酒5毫升，生抽3毫升，水淀粉、食用油各适量

做法

1 洗净的白玉菇去蒂，切段；洗好的香菇去蒂，切片；洗净的彩椒去籽，切条形。

2 洗净的鸭胗切小块，用盐、鸡粉、水淀粉腌渍；沸水锅中放入食用油、白玉菇。

3 倒入香菇、彩椒，煮熟后捞出；将鸭胗汆水后捞出；用油起锅，倒入姜片、蒜末。

4 加入葱段、鸭胗、料酒、生抽、白玉菇、香菇、彩椒、盐、鸡粉、水淀粉，炒匀即可。

扫一扫看视频

⏱ 7分钟

💪 益气补血

黄焖仔鹅

原料： 鹅肉600克，嫩姜120克，红椒1个，姜片、蒜末、葱段各少许

调料： 盐、鸡粉各3克，生抽、老抽各少许，黄酒、水淀粉、食用油各适量

烹饪小提示

将鹅肉用中火煸炒至皮泛黄后，再淋入适量的料酒炒匀，能让鹅肉的口感更佳。

做法

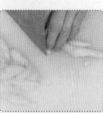

1 将洗净的红椒去籽，再切小块；把洗好的嫩姜切片。

2 锅中注入清水烧开，放入嫩姜，煮1分钟，捞出。

3 把洗净的鹅肉倒入沸水锅中，搅拌匀，汆去血水，捞出。

4 用油起锅，放入蒜末、姜片，爆香，倒入鹅肉，炒匀。

5 加入生抽、盐、鸡粉、黄酒，炒匀调味，倒入清水、老抽，炒匀。

6 用小火焖5分钟，放入红椒、水淀粉，拌匀，盛出锅中的食材，放入葱段即可。

五彩鸽丝

⏱ 6分钟　🫘 保肝护肾

扫一扫看视频

原料： 鸽子肉700克，青椒20克，红椒10克，芹菜60克，去皮胡萝卜45克，去皮莴笋30克，冬笋40克，姜片少许

调料： 盐2克，鸡粉1克，料酒10毫升，水淀粉少许，食用油适量

做法

1 洗好的鸽子去骨，取鸽子肉，切条；洗净的青椒、红椒、冬笋、胡萝卜均切条。

2 洗好的莴笋切丝；洗好的芹菜切段；鸽子肉用盐、料酒、水淀粉腌渍至入味。

3 将冬笋条、胡萝卜焯熟后捞出；用油起锅，倒入鸽子肉、姜片、料酒，炒匀。

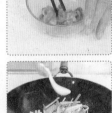

4 放入红椒条、青椒条、莴笋、芹菜、胡萝卜、冬笋、料酒、盐、鸡粉、水淀粉，炒匀即可。

红烧鹌鹑

⏱ 18分钟 🫁 降低血压

原料： 鹌鹑肉300克，豆干200克，胡萝卜90克，花菇、姜片、葱条、蒜头、香叶、八角各少许

调料： 料酒、生抽各6毫升，盐、白糖各2克，老抽2毫升，水淀粉、食用油各适量

做法

1 洗好的葱条切段；洗净的蒜头、花菇、胡萝卜均切成块；豆干切成三角块。

2 用油起锅，放入蒜头，加入姜片、葱条，倒入鹌鹑肉，炒至变色，淋入料酒。

3 加入生抽、香叶、八角，注入清水，加入盐、白糖、老抽、胡萝卜、花菇、豆干。

4 翻炒均匀，焖约15分钟，用大火收汁，倒入水淀粉勾芡，关火后盛出菜肴即可。

扫一扫看视频

彩椒玉米炒鸡蛋

🕐 18分钟　🍚 降低血脂

原料：鸡蛋2个，玉米粒85克，彩椒10克

调料：盐3克，鸡粉2克，食用油适量

做法

1 洗净的彩椒切开，去籽，切成条，再切成丁；鸡蛋打入碗中，加入少许盐、鸡粉，搅匀，制成蛋液，备用。

2 锅中注入适量清水烧开，倒入玉米粒、彩椒，加入适量盐，煮至断生，将焯煮好的食材捞出，沥干水分，待用。

3 用油起锅，倒入蛋液，翻炒均匀，倒入焯过水的食材，快速翻炒均匀。

4 关火后将炒好的菜肴盛出，装入盘中，撒上葱花即可。

扫一扫看视频

彩蔬蒸蛋

🕐 8分钟　🍚 开胃消食

原料：鸡蛋2个，玉米粒45克，豌豆25克，胡萝卜30克，香菇15克

调料：盐、鸡粉各3克，食用油少许

做法

1 洗净的香菇切成丁；洗好的胡萝卜切成丁。

2 沸水锅中加入盐、食用油，倒入胡萝卜、香菇、玉米粒、豌豆，拌匀，焯熟后捞出。

3 取一个大碗，打入鸡蛋，加入盐、鸡粉、清水，拌匀，倒入蒸碗中，放入焯过水的材料，加入盐、鸡粉、食用油，拌匀，待用。

4 蒸锅上火烧开，放入蒸盘，中火蒸5分钟，将拌好的材料放在蛋液上，摊开铺匀，再蒸至食材熟透，取出蒸盘即可。

扫一扫看视频

蔬菜烘蛋

⏱ 2分钟　🧠 益智健脑

原料: 金针菇120克,包菜15克,彩椒30克,香菇35克,鸡蛋2个

调料: 盐2克,水淀粉、食用油各适量

做法

1 洗好的香菇、彩椒均切成小丁块;洗好的包菜切小块;洗净的金针菇切丁。

2 鸡蛋打入碗中,调匀,放入水淀粉、金针菇、彩椒、包菜、香菇,拌匀成蛋液。

3 煎锅置火上,淋入食用油烧热,倒入蛋液,摊开,用小火煎至蛋饼成形。

4 卷成蛋卷,再煎一会儿,至食材熟透,盛出蛋饼,切成小块,摆入盘中即可。

扫一扫看视频

扫一扫看视频

煎生蚝鸡蛋饼

⏱ 5分钟　🥄 开胃消食

原料：韭菜120克，鸡蛋110克，生蚝肉100克

调料：盐、鸡粉各2克，料酒5毫升，水淀粉、食用油各适量

做法

1 将洗净的韭菜切成粒；鸡蛋打入碗中，搅散拌匀，制成蛋液。

2 沸水锅中倒入生蚝肉，淋入料酒，煮约1分钟，捞出生蚝肉，沥干水分。

3 往蛋液中倒入生蚝肉，加入盐、鸡粉、韭菜粒、水淀粉，拌匀成蛋糊。

4 用油起锅，倒入部分蛋糊，炒熟后盛出，放入余下的蛋糊中，合匀制成蛋饼生坯，再放入热油锅中，摊开，煎至两面熟透，盛出，分成小块即成。

香卤茶叶蛋

⏱ 132分钟　🥄 增强免疫力

原料：鸡蛋2个，香叶4片，八角、红茶包各1个，茴香5克，甘草6克

调料：盐1克，老抽、料酒、鱼露各5毫升

做法

1 锅中注水，放入鸡蛋，加盖，用大火煮至熟，捞出煮好的鸡蛋，放入凉水中降温。

2 取出浸凉的鸡蛋，去壳，在上面划出花纹以便后续煮制时入味。

3 另起砂锅，注入清水，放入处理好的鸡蛋，倒入香叶、八角、茴香、甘草，放入红茶包。

4 加入老抽、料酒、鱼露、盐，拌匀，卤2小时至入味，盛出茶叶蛋，装在碟中，浇上适量卤汁即可。

可乐卤蛋

🕐 15分钟　　🍳 增强免疫力

原料： 鸡蛋3个，可乐200毫升，丁香2克，香叶5片，桂皮2片，八角2个，朝天椒1个

调料： 盐、白糖各1克，生抽、老抽各5毫升

做法

1 锅置火上，注入清水，放入鸡蛋，煮至熟，取出鸡蛋放入凉水中至蛋壳降温。

2 取出浸凉的鸡蛋，去壳，装盘，在去壳的鸡蛋上划几刀以便煮制时入味。

3 砂锅置火上，倒入可乐，放入丁香、香叶、桂皮、八角、朝天椒。

4 加入老抽、生抽、盐、白糖，放入鸡蛋，拌匀，注入适量清水。

烹饪小提示

可用冰糖代替白糖，这样卤出来的鸡蛋味道更清甜。

5 卤3分钟至鸡蛋入味，盛出可乐鸡蛋，装盘即可。

皮蛋拌魔芋

🕐 5分钟　🐷 瘦身排毒

扫一扫看视频

原料： 魔芋大结280克，去皮皮蛋2个，朝天椒5克，香菜叶、蒜末、姜末、葱花各少许

调料： 盐2克，白糖3克，芝麻油、生抽、陈醋、辣椒油各5毫升

做法

1 洗净的朝天椒切圈；皮蛋切小瓣。

2 沸水锅中放入魔芋大结，焯煮片刻，关火后捞出焯煮好的魔芋大结，沥干水分。

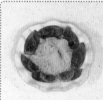

3 盘沿四周摆放上切好的皮蛋；取一碗，倒入朝天椒圈、蒜末、姜末、葱花。

4 加入生抽、陈醋、盐、白糖、芝麻油、辣椒油、香菜叶，拌匀，浇在魔芋大结上即可。

扫一扫看视频

红油皮蛋拌豆腐

🕐 2分钟　　🍲 增强免疫力

原料： 皮蛋2个，豆腐200克，蒜末、葱花各少许

调料： 盐、鸡粉各2克，陈醋、生抽各3毫升，红油6毫升

做法

1 洗好的豆腐切成小块；去皮的皮蛋切成瓣，摆入盘中。

2 取一个碗，倒入蒜末、葱花，加入盐、鸡粉、生抽。

3 再淋入陈醋、红油，调匀成味汁。

4 将切好的豆腐放在皮蛋上，浇上调好的味汁，撒上葱花即可。

PART 05 美味水产，
一鲜到底的滋味料理

水产品因其美味和营养，一直以来深受广大群众的喜爱。现如今，水产品更是花样翻新，各式吃法如雨后春笋般涌现，这一点使得水产品备受追捧。本章将奉上各式水产品的家常做法，让您的生活天天都有"鲜"花样！

扫一扫看视频

四宝鳕鱼丁

🕐 4分钟　🍲 保肝护肾

原料： 鳕鱼肉200克，胡萝卜150克，豌豆100克，玉米粒90克，鲜香菇50克，姜片、蒜末、葱段各少许

调料： 盐3克，鸡粉2克，料酒5毫升，水淀粉、食用油各适量

做法

1 去皮的胡萝卜、香菇和鳕鱼肉均切丁；鳕鱼丁用盐、鸡粉、水淀粉、食用油腌渍。

2 沸水锅中加入盐、鸡粉、油、豌豆、胡萝卜丁、香菇丁、玉米粒，焯熟后捞出。

3 热锅注油烧热，倒入鳕鱼丁，滑油后捞出；用油起锅，爆香姜片、蒜末、葱段。

4 倒入焯过水的食材，用大火炒匀，放入鳕鱼丁、盐、鸡粉、料酒，翻炒均匀。

5 倒入水淀粉，翻炒均匀，关火后盛出炒好的菜肴即成。

烹饪小提示

鳕鱼丁滑油时的油温不宜太高，以免将鱼肉炸老了。

豆豉小米椒蒸鳕鱼

⏱ 12分钟　🍵 益气补血

原料： 鳕鱼肉300克，豆豉15克，小米椒、蒜末各5克，姜末、葱花各3克
调料： 盐5克，料酒5毫升，蒸鱼豉油10毫升，食用油适量

做法

1 将洗净的鳕鱼肉装蒸盘中，用盐和料酒抹匀两面。

2 撒上姜末，放入洗净的豆豉，倒入蒜末、小米椒，待用。

3 备好电蒸锅，烧开水后放入蒸盘，盖上盖，蒸至食材熟透。

4 断电后揭盖，取出蒸盘，撒上葱花，浇上热油，淋入蒸鱼豉油即可。

酱烧武昌鱼

⏱ *13分钟*　🥘 *健脾止泻*

原料： 武昌鱼650克，红彩椒30克，姜末、蒜末、葱花各少许

调料： 盐3克，胡椒粉2克，白糖1克，黄豆酱30克，陈醋、水淀粉各5毫升，料酒10毫升，食用油适量

扫一扫看视频

做法

1 洗好的红彩椒去籽，切丁；处理干净的武昌鱼两面鱼身上划一字花刀，装盘。

2 武昌鱼用盐、胡椒粉、料酒腌渍入味；热锅注油，放入武昌鱼，煎熟后盛出。

3 用油起锅，放入姜末、蒜末、黄豆酱、清水、武昌鱼、盐、白糖、鸡粉、陈醋。

4 焖熟后盛出武昌鱼，往锅中加入红彩椒、水淀粉、食用油、葱花拌匀，浇到武昌鱼上即可。

扫一扫看视频

香菇笋丝烧鲳鱼

⏱ 4分钟　　🥗 开胃消食

原料： 鲳鱼350克，竹笋丝15克，肉丝50克，香菇丝、葱丝、姜丝、彩椒丝各少许

调料： 盐3克，鸡粉2克，料酒5毫升，水淀粉、生抽各4毫升，老抽2毫升，食用油适量

做法

1. 处理干净的鲳鱼两面切上十字花刀，放入油锅中，炸至起皮，捞出。
2. 锅底留油，倒入肉丝、姜丝，爆香，放入竹笋丝、香菇丝，淋入料酒，炒匀，加入清水、盐、生抽、老抽。
3. 放入鲳鱼，煮至其上色，倒入葱丝、彩椒丝，拌匀，将鲳鱼盛入盘中。
4. 锅中放入鸡粉、水淀粉，拌匀，浇在鱼身上即可。

扫一扫看视频

豉汁蒸鲈鱼

⏱ 10分钟　　🥗 增强免疫力

原料： 鲈鱼500克，豆豉25克，红椒丝10克，葱丝、姜丝各少许

调料： 料酒10毫升，盐3克，生抽、食用油各适量

做法

1. 处理好的鲈鱼背上划上一字花刀，在鲈鱼身上放上料酒、盐，涂抹均匀。
2. 蒸锅上火烧开，放上鲈鱼，中火蒸2分钟，撒上豆豉，用中火续蒸6分钟至熟，掀开锅盖，取出鲈鱼。
3. 将鲈鱼移至大盘中，放上姜丝、葱丝、红椒丝。
4. 热锅注油，大火烧热，浇在鱼身上，再淋上生抽即可。

扫一扫看视频

13分钟

保肝护肾

剁椒鲈鱼

原料： 海鲈鱼350克，剁椒35克，葱条适量，葱花、姜末各少许

调料： 鸡粉2克，蒸鱼豉油30毫升，芝麻油适量

烹饪小提示

在海鲈鱼上切花刀时，可以切得深一些，这样在烹饪时，海鲈鱼才更易入味。

做法

1 在处理干净的海鲈鱼背部切上花刀。

2 取一个小碗，倒入剁椒，放入姜末，淋入蒸鱼豉油，加入鸡粉，拌匀做成辣酱。

3 取一个蒸盘，铺上洗净的葱条，放入切好的海鲈鱼。

4 再铺上辣酱，摊匀，淋入少许芝麻油。

5 蒸锅上火烧开，放入蒸盘，盖上盖，用中火蒸至食材熟透。

6 关火后揭盖，取出蒸盘，趁热浇上少许蒸鱼豉油，点缀上葱花即成。

浇汁鲈鱼

⏱ 17分钟　🍴 开胃消食

扫一扫看视频

原料： 鲈鱼270克，豌豆90克，胡萝卜60克，玉米粒45克，姜丝、葱段、蒜末各少许

调料： 盐2克，番茄酱、水淀粉各适量，食用油少许

做法

1 洗净的鲈鱼放入碗中，加入盐、姜丝、葱段，拌匀，腌渍至其入味。

2 洗净去皮的胡萝卜切成丁；洗好的鲈鱼去除鱼骨，将鱼肉两侧切条，放入蒸盘中。

3 胡萝卜、豌豆、玉米粒焯水后捞出；将鲈鱼放入蒸锅蒸熟，取出，放凉待用。

4 油锅中放入蒜末、焯过水的食材、番茄酱、清水、水淀粉，拌匀，浇在鱼身上即可。

珊瑚鳜鱼

🕐 5分钟　　🍚 增强免疫力

原料： 鳜鱼500克，蒜末、葱花各少许
调料： 番茄酱15克，白醋5毫升，白糖2克，水淀粉4毫升，生粉、食用油各适量

做法

1 处理干净的鳜鱼剁去头尾，去骨留肉，再在鳜鱼肉上打上麦穗花刀。

2 热锅注油烧热，放入两面沾上生粉的鱼肉，炸至金黄色，捞出，沥干油。

3 将鱼的头尾蘸上生粉，放入油锅炸成金黄色，捞出；锅底留油，爆香蒜末。

4 倒入番茄酱、白醋、白糖、水淀粉，搅匀成酱汁，浇在鱼肉身上，撒上葱花即可。

扫一扫看视频

剁椒蒸带鱼

⏱ 13分钟 🍽 美容养颜

原料: 带鱼肉180克,剁椒35克,姜片、蒜末、葱花各少许

调料: 鸡粉少许,蚝油7克,蒸鱼豉油、食用油各适量

做法

1 将洗净的带鱼肉切成段,备用。
2 取一个小碗,倒入剁椒,撒上姜片、蒜末,加入鸡粉,放入蚝油、食用油、蒸鱼豉油,快速搅拌均匀,制成辣酱汁。
3 另取一个蒸盘,放入鱼块,摆放整齐,再盛入辣酱汁,铺匀,放入上火烧开的蒸锅中。
4 盖上盖,用大火蒸至鱼肉熟透,取出蒸盘,点缀上葱花即可。

扫一扫看视频

芝麻带鱼

⏱ 2分钟 🍽 降压降糖

原料: 带鱼140克,熟芝麻20克,姜片、葱花各少许

调料: 盐、鸡粉各3克,生粉7克,生抽4毫升,水淀粉、辣椒油、老抽、食用油各适量

做法

1 用剪刀把处理干净的带鱼鳍剪去,切成块。
2 带鱼块装碗,放入姜片、盐、鸡粉、生抽、料酒、生粉,拌匀,腌渍至其入味。
3 热锅注油,放入带鱼炸至呈金黄色,捞出;锅底留油,加入清水、辣椒油、盐、鸡粉、生抽,拌匀煮沸,倒入水淀粉、老抽,炒匀,放入带鱼块,炒匀,撒入葱花,炒香,盛出撒上熟芝麻即可。

扫一扫看视频

茄香黄鱼煲

⏱ 13分钟　🍲 增强免疫力

原料： 茄子、日本豆腐各150克，黄鱼250克，高汤150毫升，干辣椒、红椒粒、青椒粒、蒜末、葱段、姜片各少许

调料： 盐、鸡粉各2克，生抽5毫升，生粉、食用油各适量

做法

1 洗净的茄子切成滚刀块；日本豆腐切成粗条；处理好的黄鱼对半切开。

2 热油锅中倒入茄子，炸熟后捞出；日本豆腐滚上生粉，入油锅，炸熟后捞出。

3 把裹好生粉的鱼肉放入油锅中，煎熟后捞出；将茄子、豆腐、鱼肉放入砂锅中。

4 炒锅中倒入油，放入姜片、蒜末、葱段、干辣椒、青椒、红椒、高汤。

烹饪小提示

炸日本豆腐时，不要太用力搅拌，以免将豆腐搅碎。

5 加入鸡粉、生抽、盐，搅匀制成酱汁，盛入砂锅中，煲煮至食材入味即可。

麻辣豆腐鱼

⏱ 10分钟　☁ 益气补血

扫一扫看视频

原料： 净鲫鱼300克，豆腐200克，醪糟汁40克，干辣椒3克，花椒、姜片、蒜末、葱花各少许

调料： 盐、豆瓣酱、花椒粉、老抽、生抽、陈醋、水淀粉、花椒油、食用油各适量

做法

1 将洗净的豆腐切小方块；用油起锅，放入处理干净的鲫鱼，煎至两面断生。

2 放入干辣椒、花椒、姜片、蒜末，炒匀，放入醪糟汁、清水、豆瓣酱、生抽、盐。

3 淋入花椒油，拌匀，略煮后放入豆腐块、陈醋，焖煮至鱼肉熟软，盛出鲫鱼。

4 锅中汤汁烧热，加入老抽、水淀粉炒匀，浇在鱼身上，撒上葱花、花椒粉即可。

扫一扫看视频

香辣砂锅鱼

🕐 10分钟 🍲 开胃消食

原料： 草鱼肉块300克，黄瓜60克，红椒15克，泡小米椒10克，花椒、姜片、葱段、蒜末、香菜末各少许

调料： 盐2克，鸡粉3克，生抽8毫升，老抽1毫升，豆瓣酱6克，生粉、食用油各适量

做法

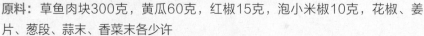

1 泡小米椒切碎；红椒切成块；黄瓜切丁；草鱼块用生抽、盐、鸡粉、生粉腌渍。

2 热油锅中倒入草鱼块，炸熟后捞出；用油起锅，爆香葱段、姜片、蒜末、花椒。

3 放入黄瓜、红椒、泡小米椒、豆瓣酱，炒匀，注入清水，加入生抽、老抽、鸡粉。

4 放入盐、草鱼块、水淀粉，炒匀，装入砂锅中，煮至沸，撒上香菜即可。

扫一扫看视频

扫一扫看视频

咸菜草鱼

🕐 6分钟　🍲 美容养颜

原料：草鱼肉260克，大头菜100克，姜丝、葱花各少许

调料：盐2克，生抽3毫升，料酒4毫升，水淀粉、食用油各适量

做法

1 大头菜洗净切片，再用斜刀切菱形块；草鱼肉洗净切长方块。

2 煎锅置火上，淋入食用油烧热，撒上姜丝，爆香。

3 放入鱼块，小火煎香，煎至两面断生，放入大头菜，炒匀，淋入料酒。

4 注入清水，加入盐、生抽，中火煮约3分钟至熟透，倒入水淀粉。

5 炒至汤汁收浓，盛出炒好的菜肴，装入盘中，撒上葱花即可。

茄汁生鱼片

🕐 20分钟　🍲 开胃消食

原料：生鱼700克，香菜、蛋清各少许

调料：盐1克，白糖2克，醋1毫升，生粉、水淀粉各少许，番茄酱、食用油各适量

做法

1 洗净的生鱼横刀切开，去掉鱼骨，将鱼肉斜刀切片；洗好的香菜切成小段。

2 鱼片中加入盐、蛋清，拌匀，腌渍15分钟至入味；腌好的鱼片中加入生粉，拌匀。

3 锅置火上烧热，放入裹有生粉的鱼片，炸约2分钟至鱼片呈金黄色，捞出。

4 锅留油，加入醋、白糖、番茄酱、水淀粉、鱼片，炒至入味，盛出撒上香菜段即可。

扫一扫看视频

🕐 26分钟

开胃消食

酸笋福寿鱼

原料： 福寿鱼700克，酸笋150克，朝天椒、姜片、香菜叶各少许

调料： 盐、鸡粉各2克，生抽、老抽、料酒各5毫升，蚝油5克，水淀粉、食用油各适量

烹饪小提示

将福寿鱼放入水中，加适量黄酒浸泡片刻，能去除其腥味。

做法

1 洗好的酸笋切片；朝天椒切圈；洗好的福寿鱼去鳞，洗净后在鱼身上切一字刀。

2 用油起锅，放入姜片，爆香，放入处理好的福寿鱼，略煎一会儿至散出香味。

3 倒入切好的酸笋、朝天椒，加入清水。

4 放入盐、料酒、生抽、老抽，拌匀，煮至食材入味。

5 加入鸡粉、蚝油，拌匀，略煮片刻，关火后盛出煮好的鱼，装盘待用。

6 往锅中倒入水淀粉勾芡，再将芡汁淋在鱼身上，点缀上香菜叶即可。

家常红烧福寿鱼

⏱ 11分钟　🧠 益智健脑

扫一扫看视频

原料： 福寿鱼700克，葱花、葱段、姜片各少许

调料： 盐、鸡粉、胡椒粉各2克，生抽、料酒各5毫升，老抽、水淀粉、食用油各适量

做法

1 在处理干净的福寿鱼两面切上一字刀。

2 用油起锅，放入福寿鱼，略煎一会儿至散出香味，放上姜片、葱段，爆香。

3 注入清水，加入盐、生抽、老抽、料酒，拌匀，煮至食材完全入味。

4 倒入水淀粉、鸡粉、胡椒粉，拌匀，盛出锅中菜肴，撒上葱花即可。

扫一扫看视频

糖醋鱼片

⏱ 5分钟　🍵 健脾止泻

原料： 鲤鱼550克，鸡蛋1个，葱丝少许

调料： 番茄酱30克，盐2克，白糖4克，白醋12毫升，生粉、水淀粉、食用油各适量

做法

1 将处理干净的鲤鱼取鱼肉，切片；把鸡蛋打入碗中，放入生粉、盐，拌匀。

2 放入清水、鱼片，拌匀，腌渍片刻；热锅注油烧热，放入鱼片，炸熟后捞出。

3 沸水锅中加入少许盐、白糖，拌匀，倒入番茄酱、水淀粉，调成稠汁。

4 取一个盘子，盛入炸熟的鱼片，再浇上锅中的稠汁，点缀上葱丝即成。

扫一扫看视频

野山椒末蒸秋刀鱼

🕐 10分钟 降压降糖

原料： 净秋刀鱼190克，泡小米椒45克，红椒圈15克，蒜末、葱花各少许

调料： 鸡粉2克，生粉12克，食用油适量

做法

1 在秋刀鱼的两面都切上花刀；泡小米椒切碎，再剁成末。

2 将泡小米椒放入碗中，加入蒜末，放入鸡粉、生粉、食用油，拌匀，制成味汁。

3 取一个蒸盘，摆上秋刀鱼，放入味汁，铺匀，撒上红椒圈，待用。

4 蒸锅上火烧开，放入装有秋刀鱼的蒸盘，用大火蒸至食材熟透，取出蒸好的秋刀鱼，趁热撒上葱花，淋上热油即成。

扫一扫看视频

茶树菇炒鳝丝

🕐 6分钟 益智健脑

原料： 鳝鱼200克，青椒、红椒各10克，茶树菇适量，姜片、葱花各少许

调料： 盐、鸡粉各2克，生抽、料酒各5毫升，水淀粉、食用油各适量

做法

1 洗净的红椒、青椒均切开，去籽，再切条；处理好的鳝鱼肉切上花刀，切成条。

2 用油起锅，放入备好的鳝鱼、姜片、葱花，炒匀，淋入料酒，倒入青椒、红椒。

3 放入洗净切好的茶树菇，炒约2分钟，放入盐、生抽、鸡粉、料酒，炒匀调味。

4 倒入适量水淀粉勾芡，关火后盛出炒好的菜肴，装入盘中即可。

酸菜炖鲇鱼

⏱ 5分钟　🫘 益气补血

原料： 鲇鱼块400克，酸菜70克，姜片、葱段、八角、蒜头各少许

调料： 盐3克，生抽9毫升，豆瓣酱8克，鸡粉4克，老抽1毫升，白糖2克，料酒4毫升，生粉12克，水淀粉、食用油各适量

做法

1 洗好的酸菜切薄片；洗净的鲇鱼块用生抽、盐、鸡粉、料酒、生粉腌渍。

2 热锅注油烧热，放入蒜头，倒入鲇鱼块，搅散，炸至鱼肉六七成熟，捞出。

3 用油起锅，放入姜片、八角、酸菜、豆瓣酱、生抽、盐、鸡粉、白糖，炒匀。

4 注入清水，用大火煮至沸腾，倒入炸好的鲇鱼，淋入老抽，翻炒匀。

烹饪小提示

清洗鲇鱼时，一定要把鲇鱼卵清除干净，因为鲇鱼卵有毒。

5 倒入适量水淀粉勾芡，翻炒片刻至食材入味，关火后盛出菜肴，撒上葱段即可。

椒盐银鱼

⏱ 2分钟　🍳 防癌抗癌

扫一扫看视频

原料： 银鱼干120克，朝天椒15克，蒜末、葱花各少许
调料： 盐、胡椒粉各1克，鸡粉、吉士粉、料酒、辣椒油、五香粉、食用油各适量

做法

1 将银鱼干用清水浸泡至其变软，捞出，放入碗中，加入盐、吉士粉、生粉，拌匀。

2 洗净的朝天椒切圈；热锅注油烧热，放入银鱼干，炸至金黄色，捞出。

3 用油起锅，爆香蒜末，放入朝天椒圈、银鱼干、料酒、胡椒粉、盐、鸡粉、五香粉，炒匀。

4 撒上葱花，炒出葱香味，淋入辣椒油，炒匀，关火后盛出炒好的菜肴即可。

小鱼花生

🕐 5分钟 🍲 益气补血

原料： 小鱼干150克，花生米200克，红椒50克，葱花、蒜末各少许
调料： 盐、鸡粉各2克，椒盐粉3克，食用油适量

做法

1 洗净的红椒切成丁；沸水锅中倒入小鱼干，汆煮片刻，关火后捞出小鱼干。

2 热油锅中倒入花生米，炸至微黄色，捞出；油锅中倒入小鱼干，炸酥后捞出。

3 用油起锅，放入蒜末、红椒丁、小鱼干、盐、鸡粉、椒盐粉，炒匀。

4 加入葱花、花生米，翻炒约2分钟至熟，盛出炒好的菜肴，装入盘中即可。

扫一扫看视频

沙茶墨鱼片

🕐 5分钟　☁ 益气补血

原料： 墨鱼150克，彩椒60克，姜片、蒜末、葱段各少许

调料： 盐、鸡粉各3克，料酒9毫升，水淀粉8毫升，沙茶酱15克，食用油适量

做法

1 彩椒洗净切小块；处理好的墨鱼切片，装碗加鸡粉、盐、料酒、水淀粉，拌匀。

2 锅中注入清水烧开，放入墨鱼片，汆煮半分钟，至其变色，捞出。

3 用油起锅，爆香姜片、蒜末、葱段，倒入彩椒、墨鱼片，炒匀，淋入料酒，炒匀提鲜。

4 倒入沙茶酱，加入盐、鸡粉，炒匀，倒入水淀粉炒匀，盛出即可。

扫一扫看视频

剁椒鱿鱼丝

🕐 2分钟　☁ 益气补血

原料： 鱿鱼300克，蒜薹90克，红椒35克，剁椒40克

调料： 盐2克，鸡粉3克，料酒13毫升，生抽4毫升，水淀粉5毫升，食用油适量

做法

1 洗好的蒜薹切成段；洗净的红椒切开，去籽，再切成条；处理干净的鱿鱼切成丝。

2 鱿鱼丝用盐、鸡粉、料酒腌渍，放入沸水锅中，煮熟后捞出。

3 用油起锅，放入鱿鱼丝，翻炒片刻，淋入料酒，炒匀，放入红椒、蒜薹、剁椒，炒匀。

4 淋入生抽，加入鸡粉，炒匀，倒入水淀粉，快速翻炒片刻，盛出即可。

扫一扫看视频

2分钟

增强免疫力

豉汁鱿鱼筒

原料： 鱿鱼200克，豆豉30克，白芝麻15克，西蓝花150克

调料： 白糖3克，鸡粉2克，生抽5毫升，盐、食用油各少许

烹饪小提示

鱿鱼氽水的时候，可以淋入适量的料酒，这样去腥的效果会更好。

做法

1 洗净的西蓝花沥干水分，切成小朵。

2 锅中注入清水烧热，加入盐、鱿鱼，搅拌片刻去腥，捞出鱿鱼，沥干水分。

3 沸水锅中倒入食用油，放入西蓝花，氽煮至断生，捞出，沥干水分。

4 将氽好的鱿鱼切成圈，鱿鱼须切段，放入盘中，边上摆上西蓝花。

5 热锅注油烧热，倒入豆豉，炒香，加入生抽、清水，拌匀。

6 加入白糖、鸡粉，搅匀成味汁，浇在鱿鱼上，撒上芝麻即可。

腰果西芹炒虾仁

⏱ 5分钟　🍚 降低血脂

扫一扫看视频

原料：腰果80克，虾仁70克，西芹段150克，蛋清30克，姜末、蒜末各少许
调料：盐3克，干淀粉5克，料酒5毫升，食用油10毫升

做法

1 取一碗，放入处理好的虾仁，加入蛋清、干淀粉、料酒，拌匀，腌渍片刻。

2 沸水锅中倒入西芹段，焯熟后捞出；热油锅中放入腰果，炒至腰果微黄，盛出。

3 锅底留油，倒入姜末、蒜末，爆香，倒入虾仁，炒至转色，放入西芹，炒匀。

4 加入盐，炒匀入味，倒入腰果，炒匀，盛出，装入盘中即可。

生汁炒虾球

🕐 2分钟　🫘 降压降糖

原料： 虾仁130克，蛋黄1个，西红柿30克，蒜末少许
调料： 盐3克，鸡粉2克，沙拉酱40克，炼乳40克，生粉、食用油各适量

做法

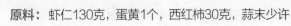

1 洗好的西红柿去除表皮，切成粒；洗净的虾仁由背部切开，去除虾线。

2 虾仁用盐、鸡粉、蛋黄、生粉腌渍；沙拉酱中加入炼乳，拌匀制成调味汁。

3 虾肉入油锅中炸熟后捞出；用油起锅，爆香蒜末，放入西红柿，翻炒香。

4 关火，放入虾仁，倒入调味汁，快速翻炒至食材入味，盛出炒好的菜肴即可。

扫一扫看视频

扫一扫看视频

芦笋沙茶酱辣炒虾

🕐 3分钟　　🍲 增强免疫力

原料： 芦笋40克，虾仁150克，蛤蜊肉100克，白葡萄酒100毫升，姜片、葱段各少许

调料： 沙茶酱10克，泰式甜辣酱4克，鸡粉2克，生抽、水淀粉各5毫升，食用油适量

做法

1 洗净的芦笋切小段；将处理干净的虾仁去除虾线。

2 锅中注水烧开，倒入芦笋煮至断生后捞出；处理好的蛤蜊肉倒入沸水中，焯水捞出。

3 热锅注油，爆香姜片、葱段，加入沙茶酱、泰式甜辣酱，倒入虾仁、白葡萄酒，炒匀。

4 倒入芦笋、蛤蜊肉，炒匀，加入鸡粉、生抽、水淀粉，炒匀入味，盛入盘中即可。

扫一扫看视频

蒜香豆豉蒸虾

🕐 12分钟　　🍲 保肝护肾

原料： 基围虾270克，豆豉15克，彩椒末、姜片、蒜末、葱花各少许

调料： 盐、鸡粉各2克，料酒4毫升

做法

1 洗净的基围虾去除头部，再从背部切开，去除虾线。

2 取一个小碗，加入鸡粉、盐，淋入料酒，拌匀，制成味汁。

3 取一个蒸盘，放入基围虾，摆放成圆形，淋上味汁，撒上豆豉，放入葱花、姜片、蒜末、彩椒末。

4 蒸锅上火烧开，放入蒸盘，用中火蒸至食材熟透，取出蒸好的菜肴即可。

扫一扫看视频

红酒茄汁虾

🕐 12分钟 🫘 保肝护肾

原料： 基围虾450克，红酒200毫升，蒜末、姜片、葱段各少许
调料： 盐2克，白糖少许，番茄酱、食用油各适量

做法

1 洗净的基围虾剪去头尾及虾脚，待用。

2 用油起锅，倒入蒜末、姜片、葱段，爆香。

3 倒入处理好的基围虾，炒匀，加入适量番茄酱，炒匀炒香。

4 倒入红酒，加入白糖、盐，拌匀，盖上盖，煮至食材入味。

烹饪小提示

修理虾身时，可沿其背部切开，这样菜肴的外形更美观。

5 揭盖，用中火翻炒至汤汁收浓，关火后盛出炒好的菜肴即可。

蒜香大虾

⏱ 3分钟　🐷 降低血脂

扫一扫看视频

原料： 基围虾230克，红椒30克，蒜末、葱花各少许
调料： 盐、鸡粉各2克

做法

1 用剪刀剪去基围虾头须和虾脚，将虾背切开；洗好的红椒切成细丝。

2 热锅注油烧热，放入基围虾，炸至深红色，捞出。

3 锅底留油，放入蒜末，炒香，倒入基围虾，放入红椒丝，翻炒匀。

4 加入盐、鸡粉，放入葱花，翻炒匀，关火后盛出炒好的基围虾即可。

扫一扫看视频

鲜虾豆腐煲

🕐 43分钟   🫕 开胃消食

原料： 豆腐160克，虾仁65克，上海青85克，咸肉75克，干贝25克，姜片、葱段各少许，高汤350毫升

调料： 盐2克，鸡粉少许，料酒5毫升

做法

1 洗净的虾仁去虾线；洗好的上海青切小瓣；豆腐切成小块；洗好的咸肉切薄片。

2 沸水锅中倒入上海青，煮熟后捞出；沸水锅中倒入咸肉片、料酒，煮去盐分，捞出。

3 砂锅置火上，放入高汤、干贝、肉片、姜片、葱段、料酒，煮至食材变软。

4 加入盐、鸡粉、虾仁、豆腐块，续煮至食材熟透，再放入上海青即可。

扫一扫看视频

扫一扫看视频

韭菜花炒河虾

2分钟　开胃消食

原料： 韭菜花165克，河虾85克，红椒少许
调料： 蚝油4克，盐、鸡粉各少许，水淀
粉、食用油各适量

做法

1. 将洗净的红椒切粗丝；洗好的韭菜花
   切长段。
2. 用油起锅，倒入备好的河虾，炒匀，
   至其呈亮红色。
3. 放入红椒丝，倒入韭菜花，用大火翻
   炒均匀，至其变软，加入盐、鸡粉、
   蚝油。
4. 再用水淀粉勾芡，至食材入味，关火
   后盛出炒好的菜肴，装在盘中即成。

干煸濑尿虾

8分钟　降低血压

原料： 濑尿虾350克，芹菜、花椒各10克，干
辣椒5克，姜片、葱段各少许
调料： 盐、白糖各2克，鸡粉3克，料酒适量

做法

1. 热锅注油，烧至七成热，倒入处理好
   的虾，油炸约5分钟至焦黄色，将炸
   好的虾捞出，装盘备用。
2. 用油起锅，倒入姜片、花椒、干辣
   椒，炒匀，放入炸好的虾，炒匀。
3. 加入葱段、芹菜，翻炒约1分钟至
   熟，放入白糖、盐、鸡粉、料酒，翻
   炒约2分钟使其入味。
4. 关火，将炒好的虾盛出即可。

扫一扫看视频

🕐 2分钟

🥘 增强免疫力

参杞烧海参

原料： 水发海参130克，上海青45克，竹笋40克，枸杞、党参、姜片、葱段各少许

调料： 盐3克，鸡粉4克，蚝油5克，生抽5毫升，料酒7毫升，水淀粉、食用油各适量

烹饪小提示

上海青焯水时间不要太久，以免破坏其口感；干海参要用温水泡发后再烹饪。

做法

1 处理好的竹笋切薄片；洗净的上海青去除老叶，对半切开；洗好的海参切片。

2 锅中注水烧开，淋入食用油，倒入上海青，煮约半分钟，加盐，煮熟后捞出。

3 再将海参、竹笋倒入沸水中，淋入料酒，加入鸡粉，拌匀，煮至六成熟，捞出。

4 起油锅，爆香姜片、葱段，放入党参、海参、竹笋，炒匀，淋入料酒，倒入清水。

5 撒上枸杞，调入盐、鸡粉、蚝油、生抽，煮至熟透，加入水淀粉，炒匀。

6 将焯过水的上海青摆入盘中；盛出炒好的海参即可。

魔芋丝香辣蟹

⏱ 8分钟　🫁 防癌抗癌

扫一扫看视频

原料： 魔芋丝280克，螃蟹500克，绿豆芽80克，花椒、干辣椒各15克，姜片、葱段各少许

调料： 老干妈辣椒酱30克，盐、鸡粉各2克，白糖、料酒、辣椒油、食用油各适量

做法

1 洗净的螃蟹开壳，去除鳃、心，斩成块，洗净待用。

2 热锅注油烧热，倒入花椒、姜片、葱段、干辣椒、老干妈辣椒酱，炒香。

3 倒入螃蟹，放入料酒、清水，倒入魔芋丝，翻炒片刻，大火焖5分钟至熟。

4 倒入豆芽，调入盐、鸡粉、白糖、辣椒油，炒至绿豆芽熟，盛出装盘即可。

油淋小鲍鱼

⏱ 8分钟　🫕 清热解毒

原料： 鲍鱼120克，红椒10克，花椒4克，姜片、蒜末、葱花各少许

调料： 盐2克，鸡粉1克，料酒、生抽、食用油各适量

做法

1 将洗好的鲍鱼肉两面都切上花刀；洗净的红椒切开，去籽，切成小丁块。

2 沸水锅中倒入料酒，放入鲍鱼肉、鲍鱼壳、盐、鸡粉，拌匀，去除腥味，捞出。

3 用油起锅，放入姜片、蒜末，爆香，注入清水，加入生抽、盐、鸡粉，拌匀。

4 倒入鲍鱼肉，拌匀，煮至其入味，拣出壳，放入鲍鱼肉，点缀上红椒、葱花。

烹饪小提示

清洗鲍鱼壳时，可用刷子刷，这样更易清洗干净。

5 另起锅，注入食用油烧热，放入花椒，爆香，关火后将热油淋在鲍鱼肉上即可。

陈醋黄瓜蜇皮

⏱ 2分钟　🍃 清热解毒

原料： 海蜇皮、黄瓜各200克，红椒50克，青椒40克，蒜末少许
调料： 陈醋、芝麻油、生抽、辣椒油各5毫升，盐、白糖各2克

做法

1 洗净的黄瓜对切成段；洗净的红椒、青椒均去籽，切粒。

2 黄瓜装入碗中，放入盐，腌渍片刻；沸水锅中倒入海蜇皮，汆熟后捞出。

3 倒入红椒粒、青椒粒、蒜末、白糖、生抽、陈醋、芝麻油、辣椒油，拌匀。

4 黄瓜倒入凉开水中，洗去多余盐分，捞出，装入盘中，倒上拌好的海蜇皮即可。

扫一扫看视频

豉汁蒸蛤蜊

⏱ 8分钟　🍽 增强免疫力

原料： 蛤蜊500克，豆豉、朝天椒各30克，葱花、姜末各少许
调料： 料酒4毫升，盐、鸡粉各2克，食用油适量

做法

1 沸水锅中倒入蛤蜊，汆煮片刻去除污物，捞出，沥干水分，摆入盘中。

2 碗中倒入豆豉、姜末、朝天椒、料酒、盐、鸡粉、食用油拌匀，浇在蛤蜊上。

3 蒸锅注入清水烧开，放入装蛤蜊的盘子，盖上锅盖，大火蒸至蛤蜊入味。

4 掀开锅盖，将蛤蜊盘取出，撒上备好的葱花即可。

扫一扫看视频

节瓜炒蛤蜊

⏱ 8分钟　🥘 保护视力

原料： 净蛤蜊550克，节瓜120克，海米45克，姜片、葱段、红椒圈各少许

调料： 盐2克，鸡粉少许，蚝油7克，生抽4毫升，料酒3毫升，水淀粉、食用油各适量

做法

1 将洗净的节瓜切开，去除瓜瓤，再切粗条。

2 锅中注入清水烧热，倒入洗净的蛤蜊，中火煮约6分钟，去除杂质，至壳裂开，捞出。

3 用油起锅，爆香姜片、葱段、红椒圈，倒入洗好的海米，炒香，放入节瓜、蛤蜊。

4 淋入料酒，炒至断生，加入盐、鸡粉、蚝油、生抽、水淀粉，炒至入味，盛出即可。

扫一扫看视频

蒜香粉丝蒸扇贝

⏱ 13分钟　🥘 益气补血

原料： 净扇贝180克，水发粉丝120克，蒜末10克，葱花5克

调料： 剁椒酱20克，盐3克，料酒8毫升，蒸鱼豉油10毫升，食用油适量

做法

1 将洗净的粉丝切段；洗净的扇贝肉放入碗中，加入料酒、盐，拌匀，腌渍片刻。

2 取一蒸盘，放入扇贝壳，摆放整齐，在扇贝壳上倒入粉丝和扇贝肉，撒上剁椒酱。

3 用油起锅，撒上蒜末，爆香，关火后盛出，浇在扇贝肉上。

4 将蒸盘放入电蒸锅中，蒸至食材熟透，取出，趁热浇上蒸鱼豉油，点缀上葱花即可。

扫一扫看视频

⏱ 4分钟

🧠 增强免疫力

酱爆海瓜子

原料： 海瓜子200克，青椒圈、红椒圈、姜片、葱段各少许

调料： 料酒、生抽、水淀粉各4毫升，鸡粉2克，蚝油3克，豆瓣酱5克，甜面酱、食用油各适量

烹饪小提示

煮好的海瓜子如果有没开口的，表明已不新鲜，应挑除不用。

做法

1 锅中注入清水，倒入洗好的海瓜子，略煮一会儿，待海瓜子完全开口后捞出。

2 热锅注油，倒入姜片、葱段，爆香。

3 加入豆瓣酱、甜面酱，炒出香味。

4 放入青椒圈、红椒圈、海瓜子，快速翻炒均匀。

5 淋入料酒、生抽，放入鸡粉、蚝油，炒匀调味。

6 倒入水淀粉，翻炒均匀，关火后将炒好的海瓜子盛出，装入盘中即可。

白灼血蛤

⏱ 3分钟　🍲 增强免疫力

扫一扫看视频

原料： 血蛤400克，葱丝、红椒丝、红椒圈、姜丝各少许
调料： 生抽10毫升

做法

1 锅中注入清水烧开，倒入洗好的血蛤，煮至熟。

2 将血蛤捞出，沥干水分，装入盘中。

3 把葱丝、红椒丝放在血蛤上；将剩余的葱丝、红椒圈、姜丝放入小碟中。

4 淋入生抽，拌匀，制成味汁，食用时蘸食即可。

辣酒焖花螺

🕐 22分钟 增强免疫力

原料： 花雕酒800毫升，花螺500克，青椒圈、红椒圈各5克，干辣椒、花椒、香叶、草果、八角、沙姜、姜片、葱段、蒜末各少许

调料： 鸡粉、胡椒粉各2克，蚝油3克，料酒4毫升，豆瓣酱10克，食用油适量

扫一扫看视频

做法

1 沸水锅中倒入洗好的花螺，淋入料酒，汆去腥味，捞出，沥干水分，装入盘中。

2 热锅注油，爆香姜片、蒜末、葱段，再倒入各种香料，放入豆瓣酱，炒出香味。

3 放入青椒圈、红椒圈、花雕酒、花螺，加入鸡粉、蚝油、胡椒粉，搅匀。

4 焖至食材熟透，关火后拣出香料，将焖煮好的花螺盛出，装入碗中。

PART 06
一碗好汤，
暖心暖胃的呵护

　　一天的劳累会随着一碗汤的下肚而烟消云散，只剩下幸福的味道。一碗好汤需要好的食材来熬煮，而好的食材并不意味着一定要高档、昂贵，普普通通的，在市场就能选购到的，是大众最喜爱的食材。下面就来看看如何将它们变成美味的好汤吧！

扫一扫看视频

干贝木耳玉米瘦肉汤

🕐 182分钟　　健脾止泻

原料： 玉米200克，去皮胡萝卜、瘦肉各150克，水发木耳30克，水发干贝5克，去皮马蹄100克

调料： 盐2克

做法

1 洗净的胡萝卜切成滚刀块；洗好的玉米切成段；洗净的瘦肉切成块。

2 沸水锅中倒入瘦肉，汆煮片刻，关火后将汆煮好的瘦肉捞出，沥干水分。

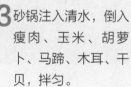

3 砂锅注入清水，倒入瘦肉、玉米、胡萝卜、马蹄、木耳、干贝，拌匀。

4 大火煮开转小火煮3小时，加入盐，搅拌至入味。

5 关火后将煮好的汤盛出，装入碗中即可。

烹饪小提示

干贝需事先浸泡2小时以上，这样可节省煮制时间。

银耳白果无花果瘦肉汤

⏱ 182分钟　🫁 增强免疫力

扫一扫看视频

原料： 瘦肉200克，水发银耳80克，无花果4个，白果、杏仁各15克，水发去心莲子、山药各20克，水发香菇4个，薏米40克，枸杞10克，姜片少许

调料： 盐2克

做法

1 洗净的瘦肉切大块。

2 沸水锅中倒入瘦肉，汆煮片刻，捞出瘦肉，沥干水分；砂锅中倒入清水、瘦肉。

3 加入银耳、白果、无花果、香菇、薏米、杏仁、姜片、山药、莲子、枸杞。

4 大火煮开后转小火煮3小时，加入盐，拌匀，关火后盛出煮好的汤即可。

扫一扫看视频

板栗花生瘦肉汤

🕐 152分钟　🫘 保肝护肾

原料： 瘦肉200克，板栗肉65克，花生米120克，胡萝卜80克，玉米160克，香菇30克，姜片、葱段各少许

调料： 盐少许

做法

1 将去皮洗净的胡萝卜切滚刀块；洗好的玉米斩成小块；洗净的瘦肉切块。

2 沸水锅中倒入瘦肉块，氽煮一会儿，去除血渍后捞出，沥干水分。

3 砂锅中注入清水烧热，放入肉块、胡萝卜块、花生米、板栗肉、玉米、香菇。

4 倒入姜片、葱段，拌匀，煮至食材熟透，加入盐，拌匀，关火后盛出瘦肉汤即可。

扫一扫看视频

冬瓜花菇瘦肉汤

🕐 122分钟　🐷 养心润肺

原料： 冬瓜300克，水发花菇120克，瘦肉200克，虾米50克，姜片少许

调料： 盐1克

做法

1　洗净的冬瓜切块；洗好的瘦肉切大块；洗好的花菇去柄。

2　沸水锅中倒入瘦肉，汆煮一会儿，去除血水及脏污，捞出。

3　再往锅中倒入切好的花菇，汆煮一会儿至断生，捞出花菇，装盘。

4　砂锅注水，倒入瘦肉，放入花菇、冬瓜块、虾米、姜片，拌匀。

5　加盖，用大火煮开后转小火续煮2小时至入味，加入盐，拌匀调味，关火后盛出煮好的汤，装碗即可。

扫一扫看视频

冬瓜银耳排骨汤

🕐 122分钟　🐷 养颜美容

原料： 冬瓜300克，排骨段200克，水发银耳55克，玉竹15克，干百合20克，水发薏米25克，水发芡实30克，茯苓、山药、桂圆肉各适量，姜片、葱段各少许

调料： 盐2克

做法

1　将洗净的冬瓜切块；沸水锅中倒入洗净的排骨段，汆水后捞出。

2　砂锅中注入清水烧开，倒入排骨段、冬瓜块、芡实、薏米、山药、茯苓和桂圆肉。

3　放入玉竹、干百合、银耳、姜片、葱段，搅散、拌匀，煮至食材熟透。

4　加入盐，拌匀调味，改中火略煮，至汤汁入味，关火后盛出排骨汤即可。

扫一扫看视频

🕐 122分钟

💪 增强免疫力

枸杞杜仲排骨汤

原料： 杜仲、黄芪各5克，枸杞15克，红枣20克，党参3克，木耳10克，冬瓜块100克，排骨块200克

调料： 盐2克

烹饪小提示

汆好水的排骨捞出后，可以放入凉水中浸泡一会儿，凉凉后再烹饪，口感会更好。

做法

1 将杜仲、黄芪装入隔渣袋里，再放入碗中，加入红枣、党参，倒入清水泡发。

2 将枸杞装入碗中，倒入清水泡发；将木耳装入碗中，倒入清水泡发。

3 将泡好的枸杞、隔渣袋、红枣、党参、木耳均取出，沥干水分，装入盘中。

4 沸水锅中放入排骨块，汆煮片刻，关火后捞出排骨块，沥干水分。

5 砂锅中注入清水，倒入排骨块、杜仲、黄芪、红枣、党参、木耳，拌匀。

6 煮至有效成分析出，放入枸杞，加入盐，拌匀，关火后盛出煮好的汤即可。

冬菇玉米排骨汤

🕐 62分钟　　☁️ 降低血压

扫一扫看视频

原料： 去皮胡萝卜100克，玉米170克，排骨块250克，水发冬菇60克
调料： 盐2克

做法

1 洗净去皮的胡萝卜切滚刀块；洗好的玉米切段；洗净的冬菇沥干水分，切去柄。

2 沸水锅中放入洗净的排骨块，氽煮片刻，捞出氽煮好的排骨块，沥干水分。

3 砂锅中注入清水烧开，倒入排骨块、胡萝卜块、玉米段、冬菇，拌匀。

4 大火煮开后转小火煮至食材熟透，加入盐，拌匀，关火后盛出煮好的汤即可。

扫一扫看视频

莲子百合排骨汤

🕐 122分钟　😴 安神助眠

原料： 龙牙百合20克，莲子25克，红枣15克，党参5克，枸杞10克，排骨200克，玉米100克

调料： 盐适量

做法

1 莲子倒入清水中泡发；龙牙百合、枸杞、红枣、党参均放入清水中泡发。

2 沸水锅中倒入排骨，搅匀，汆煮去杂质，捞出排骨，沥干水分，装入盘中。

3 锅中注入清水，倒入排骨、玉米、莲子、红枣、党参，拌匀。

4 大火煮开后转小火煮片刻，倒入龙牙百合、枸杞，放入盐，拌匀，盛出即可。

扫一扫看视频

双莲扇骨汤

🕐 43分钟　🍲 养心润肺

原料： 去皮莲藕300克，鲜莲子40克，猪扇骨500克，蜜枣15克，姜片少许

调料： 盐、鸡粉各1克

做法

1 洗净去皮的莲藕切块。

2 锅中注入清水烧开，倒入洗好的猪扇骨，汆煮2分钟，至去除血水及脏污，捞出汆好的猪扇骨，装盘待用。

3 砂锅置火上，注入清水，倒入汆好的猪扇骨，加入莲藕块和蜜枣，倒入洗净的鲜莲子。

4 放入姜片，搅匀，用大火煮开后转小火续煮40分钟至食材熟软，加入盐、鸡粉，搅匀调味，关火后盛出煮好的汤，装碗即可。

扫一扫看视频

玉竹杏仁猪骨汤

🕐 122分钟　🍲 益气补血

原料： 玉竹5克，北沙参4克，杏仁20克，白芍5克，猪骨块200克

调料： 盐2克

做法

1 将白芍装入隔渣袋里，系好袋口，装入碗中，再放入玉竹、北沙参、杏仁，倒入清水泡发片刻，均取出，沥干水分，装入盘中。

2 沸水锅中放入猪骨块，汆煮片刻，捞出汆煮好的猪骨块，沥干水分，装入盘中。

3 砂锅中注入清水，倒入猪骨块、玉竹、北沙参、杏仁、白芍，拌匀。

4 大火煮开转小火煮至有效成分析出，加入盐，拌匀，关火后盛出煮好的汤即可。

扫一扫看视频

霸王花红枣玉竹汤

123分钟　养心润肺

原料： 玉竹5克，红枣15克，扁豆、杏仁、霸王花各20克，排骨200克

调料： 盐2克

做法

1 霸王花、玉竹、红枣、白扁豆、杏仁分别提前泡发，沸水锅中倒入排骨。

3 锅中注入清水，放入排骨、杏仁、红枣、玉竹、霸王花、白扁豆，拌匀。

烹饪小提示

红枣核属燥热性食物，可将红枣去核后再下锅。

2 汆煮至去除血水和脏污，捞出排骨，沥干水分，装入盘中。

4 加盖，用大火煮开后转小火煮2小时至食材有效成分析出。

5 揭盖，加入盐，搅匀调味，关火后盛出煮好的汤，装碗即可。

清润八宝汤

🕐 122分钟 美容养颜

原料： 水发莲子80克，无花果4个，水发芡实95克，水发薏米110克，去皮胡萝卜130克，莲藕200克，排骨250克，百合60克，姜片少许

调料： 盐1克

做法

1 洗净的胡萝卜切滚刀块；洗好的莲藕切粗条，改切成块。

2 沸水锅中倒入排骨，汆煮一会儿，去除血水及脏污，捞出排骨，装盘。

3 砂锅注水，倒入排骨、莲藕块、胡萝卜块、薏米、百合、姜片、莲子、芡实。

4 加入无花果，拌匀，煮至入味，加入盐，拌匀，关火后盛出煮好的汤，装碗即可。

扫一扫看视频

元蘑骨头汤

🕐 62分钟 　　增强免疫力

原料： 排骨230克，水发香菇65克，水发元蘑70克，姜片少许
调料： 盐、鸡粉各2克，胡椒粉3克

做法

1 洗净的元蘑用手撕成小块。

2 沸水锅中放入洗净的排骨，汆煮片刻，盛出排骨，沥干水分，装入盘中。

3 砂锅中注入清水烧开，倒入排骨、香菇、元蘑、姜片，拌匀，煮至熟透。

4 加入盐、鸡粉、胡椒粉，稍稍搅拌至入味，关火后盛出煮好的汤即可。

扫一扫看视频

扫一扫看视频

芥菜胡椒猪肚汤

🕐 92分钟　🍲 增强免疫力

原料：熟猪肚125克，芥菜100克，红枣30克，姜片少许

调料：胡椒粉5克，盐、鸡粉各2克

📋 做法

1 猪肚切粗条；洗净的芥菜切块。

2 砂锅中注入清水烧开，倒入猪肚、芥菜、姜片、红枣，拌匀。

3 大火煮开后转小火煮1小时，加入胡椒粉，拌匀。

4 加盖，续煮30分钟至食材熟透入味，揭盖，加入盐、鸡粉，搅拌片刻。

5 关火后盛出煮好的汤即可。

白果红枣肚条汤

🕐 25分钟　🍲 增强免疫力

原料：猪肚150克，白果40克，红枣20克，姜片少许

调料：盐、鸡粉各2克，黑胡椒粉、料酒、食用油各适量

📋 做法

1 洗净的猪肚切条；锅中注入清水烧开，放入猪肚条，淋入料酒，汆煮去除脏污，捞出肚条，沥干水分。

2 取出电火锅，注入清水，倒入猪肚条、红枣、姜片、白果，搅拌均匀。

3 待汤煮开，再续炖至入味，加入盐、鸡粉、黑胡椒粉，搅拌调味。

4 稍稍焖煮片刻至食材入味，将汤盛入碗中即可。

扫一扫看视频

123分钟

养颜美容

葛根木瓜猪蹄汤

原料： 葛根10克，木瓜丝5克，黄豆、莲子各20克，红豆、花生、核桃各15克，猪蹄块200克

调料： 盐2克

烹饪小提示

核桃仁表面的衣膜具有很高的营养价值，所以烹饪前不宜剥掉。

做法

1 将葛根和木瓜丝、核桃、黄豆、红豆、花生、莲子分别装入碗中，倒入清水泡发。

2 捞出葛根和木瓜丝、核桃、黄豆、红豆、花生，沥干水分，分别装入干净的碗中。

3 沸水锅中放入猪蹄块，余煮至去除血水和脏污，捞出猪蹄块，沥干水分。

4 砂锅中注入清水，倒入余好的猪蹄块，放入泡好的汤料，搅拌均匀。

5 加盖，大火煮开后转小火煮2小时至有效成分析出。

6 揭盖，加入盐，搅拌片刻至入味，关火后盛出煮好的汤，装入碗中即可。

花生眉豆煲猪蹄

⏱ 182分钟　🍲 美容养颜

扫一扫看视频

原料： 猪蹄400克，木瓜150克，水发眉豆100克，花生80克，红枣30克，姜片少许

调料： 盐2克，料酒适量

做法

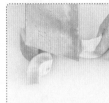

1 洗净的木瓜切开，去籽，切块。

2 沸水锅中倒入猪蹄，淋入料酒，汆煮片刻至转色，捞出，沥干水分。

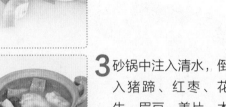

3 砂锅中注入清水，倒入猪蹄、红枣、花生、眉豆、姜片、木瓜，拌匀。

4 煲煮3小时至食材熟软，加入盐，拌匀，关火后将煮好的菜肴盛出即可。

扫一扫看视频

清炖牛肉汤

🕐 152分钟　　☁ 增强免疫力

原料： 牛腩块270克，胡萝卜120克，白萝卜160克，葱条、姜片、八角各少许
调料： 料酒8毫升

做法

1 将去皮洗净的胡萝卜、白萝卜均切成滚刀块。

2 沸水锅中倒入洗好的牛腩块，淋入料酒，拌匀，煮约2分钟，捞出牛腩。

3 砂锅中注入清水烧开，放入葱条、姜片、八角、牛腩块、料酒，小火煲片刻。

4 倒入胡萝卜、白萝卜，煮至食材熟透，拣出八角、葱条和姜片，盛出汤料即成。

扫一扫看视频

萝卜山药煲牛腩

🕐 *183分钟* ☁ 开胃消食

原料： 牛腩300克，去皮白萝卜150克，山药20克，去皮牛蒡100克，芡实20克，姜片、葱段各少许

调料： 盐2克，胡椒粉3克，料酒适量

做法

1 洗净的去皮牛蒡切段；洗好的去皮白萝卜切滚刀块；处理好的牛腩切块。

2 沸水锅中倒入牛腩，淋入料酒，汆煮片刻，关火后捞出牛腩，沥干水分。

3 砂锅中注入清水，倒入牛腩、牛蒡、白萝卜、山药、芡实、姜片、葱段，拌匀。

4 大火煮开转小火煮至有效成分析出，加入胡椒粉、盐，拌匀，盛出煲好的汤即可。

扫一扫看视频

胡萝卜牛尾汤

🕐 *132分钟* ☁ 增强免疫力

原料： 牛尾段300克，去皮胡萝卜150克，姜片、葱花各少许

调料： 料酒5毫升，盐、鸡粉、白胡椒粉各2克

做法

1 洗净去皮的胡萝卜切滚刀块。

2 沸水锅中放入洗净的牛尾段，汆煮至去除血水和脏污，捞出牛尾段。

3 砂锅中注水烧开，放入牛尾段，淋上料酒，搅匀，用大火煮开，放入姜片，用小火煲煮至牛尾段变软。

4 倒入胡萝卜块，搅匀，用中小火续煮至食材熟软，加入盐、鸡粉、白胡椒粉，拌匀，关火后将汤盛入碗中，撒上葱花即可。

扫一扫看视频

木耳山药煲鸡汤

⏱ 120分钟　🍲 增强免疫力

原料： 去皮山药100克，水发木耳90克，鸡肉块250克，红枣30克，姜片少许
调料： 盐、鸡粉各2克

做法

1 将洗净的山药切成滚刀块。

2 锅中注入清水烧开，倒入洗净的鸡肉块，汆煮至去除血水，捞出鸡肉，沥干水分。

3 取出电火锅，注入清水，倒入鸡肉块，放入山药块、木耳、红枣和姜片。

4 将鸡汤煮开，炖至食材有效成分析出，加入盐、鸡粉，拌匀，盛出鸡汤即可。

扫一扫看视频

姬松茸茶树菇鸡汤

🕐 123分钟　🥘 增强免疫力

原料： 姬松茸、茶树菇各30克，枸杞10克，白芍5克，红枣15克，鸡块200克

调料： 盐适量

做法

1. 将姬松茸、茶树菇及红枣、白芍和枸杞分别放入三个装有清水的碗中，清洗干净，依次把食材滤出；姬松茸和茶树菇用清水泡发片刻；沸水锅中倒入鸡块，汆熟后捞出。

2. 砂锅中注入清水，倒入鸡块、姬松茸、茶树菇、红枣、白芍，拌匀，大火煮开后转小火煮100分钟。

3. 加入枸杞，续煮20分钟，加入盐，拌匀，将煮好的汤盛入碗中即可。

扫一扫看视频

黑枣枸杞炖鸡

🕐 103分钟　🥘 增强免疫力

原料： 鸡肉400克，枸杞8克，黑枣5克，葱段、姜片各少许

调料： 料酒8毫升，盐、鸡粉各2克，胡椒粉适量

做法

1. 沸水锅中倒入鸡肉块，淋入料酒，拌匀，略煮一会儿，汆去血水，将鸡肉捞出，沥干水分。

2. 砂锅中注入清水烧热，倒入姜片、葱段、黑枣、鸡肉、料酒，搅拌均匀，烧开后转小火煮至食材熟透。

3. 倒入枸杞，续煮10分钟，加入少许盐、鸡粉、胡椒粉，搅拌均匀。

4. 关火后将炖煮好的菜肴盛出，装入碗中即可。

扫一扫看视频

西洋参竹荪土鸡汤

🕐 120分钟　　🍲 清热解毒

原料： 竹荪20克，红枣15克，西洋参、生地、北沙参、玉竹各5克，鸡肉200克

调料： 盐2克

做法

1 将竹荪放入清水中浸泡；西洋参、生地、红枣、北沙参、玉竹倒入清水中浸泡。

2 沸水锅中倒入鸡块，汆煮去除血水杂质，捞出，沥干水分。

3 锅中注入清水，倒入土鸡块，放入西洋参、生地、红枣、北沙参、玉竹、竹荪。

4 盖上锅盖，开大火煮开后转小火煲煮2个小时。

5 掀开锅盖，加入盐，搅匀调味，将煮好的汤盛入碗中即可。

烹饪小提示

给土鸡汆水的时候不宜过久，以免将土鸡煲老了。

莲藕章鱼鸡爪汤

🕐 32分钟　🍲 益气补血

扫一扫看视频

原料： 章鱼干80克，鸡爪250克，莲藕200克，水发眉豆100克，排骨块150克，花生50克

调料： 盐2克

做法

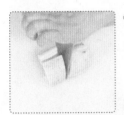

1 洗净的莲藕切块；洗好的章鱼干切块。

2 沸水锅中倒入排骨块，汆水后捞出；将鸡爪倒入沸水锅中，汆水后捞出。

3 砂锅注入清水，倒入鸡爪、莲藕、章鱼干、排骨、眉豆、花生，搅拌均匀。

4 大火煮开转小火煮至食材熟透，加入盐，拌匀，关火后将煮好的汤盛出即可。

扫一扫看视频

美白养颜汤

⏱ 120分钟　🍲 养颜美容

原料： 山药5克，红枣15克，枸杞、葛根各10克，薏米20克，小香菇30克，鸡爪150克

调料： 盐适量

做法

1 将香菇倒入清水中泡发；葛根、山药、薏米、枸杞分别倒入清水中浸泡。

2 沸水锅中加入鸡爪，汆煮片刻去除杂质，捞出鸡爪，沥干水分，装盘。

3 锅中注入清水，倒入鸡爪、山药、葛根、红枣、小香菇，搅拌均匀。

4 大火煮开转小火煮100分钟，倒入枸杞，加入盐，搅匀，盛出煮好的汤即可。

芡实炖老鸭

🕐 62分钟　🥘 养心润肺

原料： 鸭肉500克，芡实50克，姜片、葱段各少许

调料： 盐、鸡粉各2克，料酒10毫升

做法

1 沸水锅中倒入鸭肉，淋入料酒，略煮一会儿，氽去血水，捞出，沥干水分。

2 砂锅中注入清水烧热，倒入芡实、鸭肉，再加入料酒、姜片，烧开后转小火煮1小时至食材熟透。

3 加入盐、鸡粉，搅拌片刻，至食材入味。

4 关火后将炖煮好的鸭肉盛出即可。

茯苓笋干老鸭汤

🕐 122分钟　🥘 养颜美容

原料： 土茯苓5克，无花果15克，笋干、老鸭块、白扁豆各20克

调料： 盐2克

做法

1 将土茯苓装入隔渣袋里，系好袋口，放入清水中泡发10分钟；白扁豆、笋干、无花果分别倒入清水中泡发，取出，沥干水分。

2 沸水锅中放入老鸭块，氽煮片刻，捞出老鸭块，沥干水分，装入盘中。

3 砂锅中注入清水，倒入老鸭块、土茯苓、白扁豆、笋干，拌匀，煮至有效成分析出。

4 放入无花果，拌匀，续煮30分钟，加入盐，拌匀，关火后盛出煮好的汤即可。

扫一扫看视频

122分钟

益气补血

桂圆益智鸽肉汤

原料： 益智仁5克，桂圆25克，枸杞10克，陈皮15克，莲子20克，乳鸽1只

调料： 盐适量

烹饪小提示

莲子在烹饪前最好去除莲心，以免煮出来的汤味道偏苦，口感变差。

做法

1 益智仁装入隔渣袋，扎紧袋口，放入清水中，浸泡10分钟。

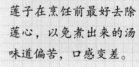

2 把陈皮放入清水中，泡发10分钟；枸杞、桂圆肉倒入清水中，浸泡10分钟。

3 将莲子倒入清水中，泡发1小时；沸水锅中倒入鸽肉，汆去血水，捞出。

4 砂锅中注入清水，倒入鸽肉，放入泡发滤净的莲子、隔渣袋、陈皮，拌匀。

5 盖上锅盖，开大火烧开后转小火煮100分钟，倒入枸杞、桂圆，拌匀。

6 小火续煮20分钟，放入盐，搅匀调味，将煮好的汤盛出装入碗中即可。

凉薯胡萝卜鲫鱼汤

⏱ 64分钟　🧠 益智健脑

扫一扫看视频

原料： 鲫鱼600克，去皮凉薯250克，去皮胡萝卜150克，姜片、葱段、罗勒叶各少许

调料： 盐2克，料酒5毫升，食用油适量

做法

1 洗净的胡萝卜切滚刀块；洗好的凉薯切滚刀块；在洗净的鲫鱼身上划四道口子。

2 往鱼身上撒入盐，抹匀，淋入料酒，腌渍5分钟至去除腥味。

3 热锅注油，放入腌好的鱼，煎至两面微黄，加入姜片、葱段、清水，拌匀。

4 放入凉薯、胡萝卜、盐，拌匀，用中火焖至入味，盛出鲫鱼，用罗勒叶点缀即可。

扫一扫看视频

苹果红枣鲫鱼汤

⏱ 10分钟　　🫘 益气补血

原料： 鲫鱼500克，去皮苹果200克，红枣20克，香菜叶少许
调料： 盐3克，胡椒粉2克，水淀粉、料酒、食用油各适量

做法

1 洗净的苹果去核，切成块。

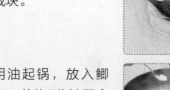
2 往鲫鱼身上撒上盐，涂抹均匀，淋上料酒，腌渍至其入味。

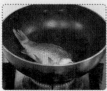
3 用油起锅，放入鲫鱼，煎约2分钟至金黄色。

4 注入清水，倒入红枣、苹果，大火煮开，加入盐，拌匀。

烹饪小提示

鲫鱼要处理干净，把鱼身上的水擦干，这样煮制时不容易掉皮。

5 加盖，中火续煮至入味，加入胡椒粉、水淀粉，拌匀，盛出，放上香菜叶即可。

桂圆核桃鱼头汤

🕐 5分钟　🍵 安神助眠

扫一扫看视频

原料： 鱼头500克，桂圆肉、核桃各20克，姜丝少许
调料： 料酒5毫升，盐、鸡粉各2克，食用油适量

做法

1 处理好的鱼头斩成块状；热锅注油烧热，倒入鱼块，煎出焦香味，放入姜丝。

2 淋入料酒，翻炒提鲜，注入清水，放入桂圆肉、核桃仁。

3 盖上锅盖，煮沸后转小火煮约2分钟。

4 放入盐、鸡粉，搅匀，关火后将煮好的鱼汤盛出，装入碗中即可。

海底椰响螺汤

⏱ 32分钟 🥜 美容养颜

原料: 鲜海底椰300克,水发螺片200克,甜杏仁10克,蜜枣3个,姜片少许

调料: 盐2克,料酒适量

做法

1 洗净的螺片用斜刀切成片。

2 砂锅中注入清水,倒入蜜枣、甜杏仁、螺片、海底椰、姜片。

3 淋入料酒,加盖,小火煮30分钟至析出有效成分。

4 揭盖,加入盐,搅拌均匀至入味,关火,盛出煮好的汤即可。

扫一扫看视频

干贝胡萝卜芥菜汤

🕐 20分钟　　☁ 增强免疫力

原料： 芥菜100克，胡萝卜30克，春笋50克，水发干贝8克，水发香菇15克

调料： 盐2克，鸡粉3克，胡椒粉适量

做法

1 洗净去皮的春笋切片；洗好去皮的胡萝卜切片；洗净的香菇切片；洗好的芥菜切小段。

2 沸水锅中倒入春笋，煮5分钟，捞出焯煮好的笋片，装盘。

3 砂锅中注入清水，倒入洗好的干贝，放入香菇、春笋，拌匀，煮至沸。

4 倒入胡萝卜、芥菜，拌匀，续煮至食材熟透，加入盐、鸡粉、胡椒粉，拌匀，盛出煮好的汤料即可。

扫一扫看视频

丝瓜豆腐汤

🕐 8分钟　　☁ 美容养颜

原料： 豆腐250克，去皮丝瓜80克，姜丝、葱花各少许

调料： 盐、鸡粉各1克，陈醋5毫升，芝麻油、老抽各少许

做法

1 洗净的丝瓜切厚片；洗好的豆腐切厚片，切粗条，改切成块。

2 沸水锅中倒入备好的姜丝，放入切好的豆腐块。

3 倒入切好的丝瓜，稍煮片刻至沸腾，加入盐、鸡粉、老抽、陈醋，拌匀，煮约6分钟至熟透。

4 关火后盛出煮好的汤，装入碗中，撒上葱花，淋入芝麻油即可。

扫一扫看视频

🕐 34分钟

益气补血

猴头菇桂圆红枣汤

原料： 水发猴头菇2个，桂圆干10克，红枣5枚，绿豆芽20克

调料： 盐3克

烹饪小提示

猴头菇要提前用水泡发，剪去老根，撕成小朵后再烹饪；红枣事先去核，食用时更方便。

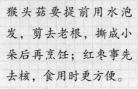

做法

1 砂锅中注入清水烧开，倒入猴头菇、桂圆干、红枣，拌匀。

2 盖上盖，大火煮开后转小火煮30分钟至食材熟透。

3 揭盖，倒入绿豆芽。

4 略煮片刻，煮至绿豆芽熟软。

5 加入盐，搅拌均匀。

6 关火后盛出煮好的汤，装入碗中即可。

芸豆赤小豆鲜藕汤

⏱ *120分钟* 🍲 *养心润肺*

扫一扫看视频

原料： 藕300克，水发赤小豆、芸豆各200克，姜片少许
调料： 盐少许

做法

1 洗净去皮的莲藕切成块，待用。

2 砂锅注入清水并烧热，倒入莲藕、芸豆、赤小豆、姜片，搅拌片刻。

3 盖上锅盖，煮开后转小火煮2个小时至食材熟软。

4 加入盐，搅拌均匀，将煮好的汤盛出，装入碗中即可。

扫一扫看视频

桂圆红枣山药汤

⏱ 18分钟　☁ 开胃消食

原料： 山药80克，红枣30克，桂圆肉15克
调料： 白糖适量

做法

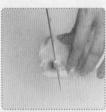

1 将洗净去皮的山药切开，再切成条，改切成丁。

2 沸水锅中倒入红枣、山药、桂圆肉，搅拌片刻。

3 盖上盖，烧开后用小火煮15分钟至食材熟透。

4 揭开盖子，加入白糖，拌至食材入味，关火后将煮好的甜汤盛出即可。

PART **07** 私房菜,
极具情怀的私享美味

　　下馆子不如吃私房菜，餐桌上有几道拿手的招牌菜是很有必要的。本章精选了许多私房菜肴，以精心的选料、百变的风味，成就一桌美味佳肴。无论你是喜食厚味的无肉不欢者，还是崇尚自然的淡雅口味者，这些千变万化的菜肴都能满足你的需求。

扫一扫看视频

⏱ 84分钟

🌥 开胃消食

芋头扣肉

原料： 五花肉550克，芋头200克，八角、草果、桂皮、葱段、姜片各少许

调料： 盐3克，鸡粉少许，蚝油7克，蜂蜜10克，生抽4毫升，料酒8毫升，老抽20毫升，水淀粉、食用油各适量

烹饪小提示

蒸食材的时间可以稍微长一些，这样蒸出来的扣肉口感会更佳。

做法

1 沸水锅中放入洗净的五花肉，淋上料酒，煮至食材熟软，捞出，沥干水分。

2 五花肉用老抽、蜂蜜腌渍；去皮洗净的芋头切片；五花肉入油锅炸香后捞出。

3 芋头片入油锅炸熟后捞出；放凉的五花肉切成片；用油起锅，爆香姜片、葱段。

4 放入八角、草果、桂皮、肉片、料酒、清水、蚝油、盐、鸡粉、生抽、老抽。

5 煮至食材入味后盛出；蒸碗中依次放入肉片和芋头，浇上肉汤汁，入蒸锅蒸熟。

6 蒸碗中的汤汁滤出，食材倒扣在盘中，浇上肉汤汁、老抽、水淀粉制成稠汁即可。

梅干菜卤肉

⏱ 53分钟　🍵 开胃消食

扫一扫看视频

原料：五花肉250克，梅干菜150克，八角2个，桂皮10克，卤汁15毫升，香菜、姜片各少许

调料：盐、鸡粉各1克，生抽、老抽各5毫升，冰糖、食用油各适量

做法

1 洗好的五花肉切块；梅干菜切段；沸水锅中倒入五花肉，汆水后捞出。

2 热锅注油，倒入冰糖，拌匀至溶化，呈焦糖色，注入清水，放入八角、桂皮。

3 加入姜片、五花肉、老抽、生抽、盐、卤汁，拌匀，卤30分钟至五花肉熟软。

4 倒入梅干菜、清水，续卤至入味，加入鸡粉，拌匀，盛出菜肴，撒上香菜即可。

扫一扫看视频

百财福袋

⏱ 23分钟　清热解毒

原料： 包菜叶70克，胡萝卜50克，鲜香菇30克，韭菜40克，虾仁25克，肉末90克，葱花、姜末、蒜末各少许

调料： 盐3克，鸡粉2克，生抽3毫升，料酒4毫升，水淀粉适量

做法

1 洗净的香菇、去皮的胡萝卜均切丁；洗好的虾仁切碎；韭菜焯水后捞出。

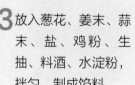

3 放入葱花、姜末、蒜末、盐、鸡粉、生抽、料酒、水淀粉，拌匀，制成馅料。

烹饪小提示

韭菜不宜焯煮得太软，以免中途断掉，破坏成品美观。

2 沸水锅中放入包菜叶、盐，煮熟后捞出；碗中倒入肉末、虾泥、香菇、胡萝卜。

4 包菜叶铺开，盛入馅料，包好，用韭菜系紧，做成包菜卷，入蒸锅蒸熟后取出。

5 锅中注入清水烧热，加入盐、鸡粉、水淀粉，拌匀调成味汁，浇在蒸盘中即可。

蒸冬瓜肉卷

⏱ 12分钟　　☁ 增强免疫力

扫一扫看视频

原料： 冬瓜400克，水发木耳90克，午餐肉、胡萝卜各200克，葱花少许
调料： 鸡粉2克，水淀粉4毫升，芝麻油、盐各适量

做法

1 水发木耳切成细丝；去皮的胡萝卜切丝；午餐肉切丝；去皮的冬瓜切成薄片。

2 冬瓜片焯水后捞出，铺在盘中，放上午餐肉、木耳、胡萝卜，卷起，定型制成卷。

3 蒸锅上火烧开，放入冬瓜卷，大火蒸至熟，取出待用；热锅注入清水烧开。

4 放入盐、鸡粉、水淀粉、芝麻油，拌匀，淋在冬瓜卷上，撒上葱花即可。

扬州狮子头

⏱ 61分钟　☁ 增强免疫力

原料：猪里脊肉220克，猪肥肉120克，马蹄肉60克，白菜叶40克，鸡蛋1个，蒜末、姜末、葱末各少许

调料：盐3克，鸡粉2克，蚝油6克，料酒9毫升，生抽8毫升，老抽2毫升，生粉、食用油各适量

做法

1 将洗净的猪肥肉和猪里脊肉均剁成肉末，装入碗中；马蹄肉切成碎末。

2 肉末中加入马蹄末、鸡蛋、蒜末、姜末、葱末、生粉、盐、蚝油、生抽，拌匀。

3 拌好的材料做成数个大肉丸，放入油锅炸熟后捞出；砂锅中注入清水烧开，放入白菜叶。

4 放入肉丸，加入盐、鸡粉、料酒、生抽、老抽，拌匀，炖煮1小时，盛出即可。

扫一扫看视频

蒜香椒盐排骨

🕐 18分钟　🍽 降低血压

原料： 排骨段500克，鸡蛋1个，蒜末、葱花各少许，面包糠150克

调料： 盐、鸡粉、味椒盐各2克，料酒3毫升，水淀粉4毫升，胡椒粉、大豆油各适量

做法

1 把排骨装入碗中，放入盐、料酒、鸡粉、胡椒粉，拌匀，再加水淀粉，拌匀，腌渍15分钟。

2 将鸡蛋打入碗中，搅散成蛋液；排骨蘸上蛋液，再裹上面包糠。

3 锅中倒入大豆油烧热，放入排骨，炸至金黄色，捞出。

4 锅中倒入大豆油，烧热后放入蒜末，爆香，放入味椒盐，倒入排骨，翻炒匀，加入葱花，炒匀，盛出即可。

扫一扫看视频

孜然卤香排骨

🕐 37分钟　🍽 益气补血

原料： 排骨段400克，青椒片20克，红椒片25克，姜块30克，蒜末15克，香叶、桂皮、八角、香菜末各少许

调料： 盐2克，鸡粉3克，孜然粉4克，料酒、生抽、老抽、食用油各适量

做法

1 锅中注水烧开，倒入排骨段，汆煮后捞出，沥干水分。

2 用油起锅，放入香叶、桂皮、八角、姜块，炒匀，倒入排骨段，加入料酒、生抽、清水、老抽、盐，拌匀。

3 大火烧开后转小火煮约35分钟，放入青椒片、红椒片、鸡粉。

4 放入孜然粉、蒜末、香菜末，炒匀，关火后挑出香料及姜块即可。

扫一扫看视频

43分钟

增强免疫力

招财猪手

原料：猪蹄块1000克，上海青100克，八角、桂皮、红曲米、葱条、姜片、香菜各少许

调料：盐5克，鸡粉3克，白糖20克，老抽5毫升，生抽10毫升，料酒20毫升，水淀粉、食用油各适量

烹饪小提示

在焖猪蹄的过程中，应不时翻动，这样煮出来的猪蹄颜色均匀、亮丽，味道也会更好。

做法

1 将洗净的上海青修饰整齐，再对半切开。

2 锅中注入清水烧热，放入猪蹄块、料酒，汆去血渍，捞出。

3 沸水锅中放入油、盐、上海青，焯熟后捞出；用油起锅，爆香姜片和葱条。

4 撒上白糖，放入猪蹄块、八角、桂皮、红曲米、料酒、老抽、生抽，炒匀。

5 加入盐、鸡粉炒匀，注入清水，烧开后用小火焖熟透，用水淀粉勾芡，炒匀盛出。

6 将猪手装在碗中，倒扣在盘子中，用焯熟的上海青围边，点缀上洗净的香菜即成。

橙香酱猪蹄

⏱ 64分钟　　🍖 增高助长

原料：猪蹄块350克，八角、桂皮、花椒、姜片、橙皮丝、大葱段、干辣椒各少许，冰糖25克，黄豆酱30克

调料：盐2克，鸡粉3克，料酒、生抽、老抽、食用油各适量

做法

1 锅中注入清水，大火烧开，倒入猪蹄块，汆煮一会儿，捞出，沥干水分。

2 用油起锅，爆香八角、桂皮、花椒，放入姜片、大葱段、干辣椒。

3 倒入冰糖、猪蹄块、料酒、生抽，注入清水，放入黄豆酱、盐、老抽。

4 烧开后转小火煮60分钟，加入橙皮丝、鸡粉，炒匀，关火后盛出即可。

香锅牛百叶

🕐 5分钟　　🍲 增强免疫力

原料： 牛百叶250克，水发腐竹100克，水发笋干70克，香菜30克，朝天椒20克，干辣椒、花椒各15克，豆瓣酱30克，葱段、姜片各少许

调料： 盐、鸡粉各1克，生抽、料酒各5毫升，芝麻油、辣椒油各10毫升，食用油适量

做法

1 泡好的腐竹切段；泡好的笋干切块；洗净的牛百叶切块；洗好的朝天椒切圈。

2 笋干焯水后捞出；牛百叶汆水后捞出；用油起锅，爆香姜片，放入豆瓣酱、花椒。

3 加入朝天椒、料酒、生抽、水、笋干、腐竹拌匀，加入盐、鸡粉、牛百叶、香菜。

4 放入芝麻油，拌匀，盛出，放上葱段、花椒、干辣椒、热辣椒油、香菜即可。

扫一扫看视频

五香酱牛肉

⏱ 63分钟　☁ 增强免疫力

原料： 牛肉400克，花椒、茴香各5克，香叶1克，桂皮2片，草果、八角、去壳熟鸡蛋各2个，朝天椒5克，葱段20克，姜片少许

调料： 老抽、料酒各5毫升，生抽30毫升

做法

1 取一碗，倒入洗净的牛肉，放入花椒、茴香、香叶、桂皮、草果、八角、姜片、朝天椒、料酒、老抽、生抽，拌匀。

2 用保鲜膜封住碗口，放入冰箱腌渍，取出，与酱汁一同倒入砂锅，放入清水、葱段、鸡蛋，煮至熟，取出，装碗凉凉，密封碗口，放入冰箱冷藏至入味，取出。

3 鸡蛋对半切开，酱牛肉切片，一同装入盘中，浇上卤汁即可。

扫一扫看视频

黄焖鸡

⏱ 48分钟　☁ 益气补血

原料： 鸡肉块350克，水发香菇160克，水发木耳90克，水发笋干110克，干辣椒、姜片、蒜头、葱段各少许，啤酒600毫升

调料： 盐3克，鸡粉少许，蚝油6克，料酒4毫升，生抽5毫升，水淀粉、食用油各适量

做法

1 将洗净的笋干切段。

2 用油起锅，爆香姜片、蒜头、葱白，倒入鸡肉块、料酒、香菇、笋干、干辣椒，炒匀，再放入啤酒、盐、生抽、蚝油，拌匀。

3 烧开后用小火焖至鸡肉入味，放入木耳、鸡粉、葱叶、水淀粉，炒匀，炒至汤汁收浓。

4 关火后盛出焖好的菜肴，装在盘中即可。

五香卤鸡

⏱ 80分钟　🍖 增强免疫力

原料： 鸡半只，干辣椒15克，香葱1把，生姜1块，冰糖40克
调料： 盐2克，万用卤包1个，老抽、生抽、料酒各5毫升，食用油适量

做法

1 沸水锅中放入鸡，汆煮片刻，捞出，沥干水分，装盘。

2 用油起锅，加入清水、冰糖，炒匀，放入水、鸡、干辣椒、卤包、香葱、姜块。

3 加入盐、老抽、生抽、料酒，拌匀，煮至食材熟透，关火后捞出鸡，放入碗中。

4 倒入锅里的卤汁，浸泡15分钟，捞出，将鸡斩成小块，摆放在盘中即可。

扫一扫看视频

扫一扫看视频

葱香三杯鸡

🕐 30分钟 　💪 增强免疫力

原料：鸡块250克，葱段4段，蒜片、小红辣椒各适量

调料：白糖10克，生抽10毫升，盐3克，食用油、米酒各适量

【做法】

1 锅中注入清水烧开，放入鸡块，汆至转色后捞出。

2 取电饭锅，放入鸡块、葱段、蒜片、小红辣椒、白糖、米酒。

3 加入生抽、盐、食用油、清水，拌匀，盖上盖。

4 选择"蒸煮"功能，蒸煮至食材完全熟透。

5 盛出煮好的鸡，装入碗中即可。

香辣榛蘑烧鸡块

🕐 13分钟 　💪 增强免疫力

原料：水发榛蘑115克，鸡腿块185克，葱白、姜片各少许，香叶3片，花椒粒15克，干辣椒段10克，八角2个

调料：盐、胡椒粉各2克，料酒、生抽、老抽各5毫升，辣椒油、食用油各适量

【做法】

1 洗净的榛蘑切碎。

2 沸水锅中倒入洗净的鸡腿块，汆煮片刻，捞出鸡腿块，沥干水分。

3 用油起锅，爆香八角、花椒粒、干辣椒段、香叶、姜片、葱白，倒入鸡腿块、料酒、生抽，注入清水，倒入榛蘑，加入盐，大火焖至熟。

4 加入老抽、胡椒粉、辣椒油，搅拌片刻至入味，关火后盛出菜肴即可。

茭白烧鸭块

🕐 37分钟　　☁️ 增强免疫力

原料： 鸭肉500克，青椒、红椒、茭白各50克，五花肉100克，陈皮5克，香叶、沙姜各2克，八角1个，生姜、蒜头各10克，葱段6克，冰糖15克

调料： 盐、鸡粉各1克，料酒5毫升，生抽10毫升，食用油适量

做法

1 洗净的生姜、五花肉均切厚片；洗好的红椒、青椒均切圈；洗好的茭白切滚刀块。

2 用油起锅，爆香姜片、蒜头，放入鸭肉、葱段、五花肉、生抽、料酒。

3 放入陈皮、香叶、八角、沙姜、冰糖、茭白，炒匀。

4 注入清水，加入盐，拌匀，煮开后转小火焖30分钟。

烹饪小提示

鸭肉可以事先汆煮一会儿，以去除其腥味及脏污。

5 倒入青椒、红椒，加入鸡粉、生抽，炒匀，关火后盛出焖好的菜肴即可。

菊花草鱼

⏱ 7分钟   🍃 开胃消食

扫一扫看视频

原料： 草鱼900克，西红柿100克，葱花少许

调料： 盐、白糖各2克，生粉5克，水淀粉5毫升，料酒4毫升，番茄酱、食用油各适量

做法

1 洗净的西红柿切成丁；草鱼去骨取肉，鱼肉切成大段，与原刀口垂直切一字刀。

2 将鱼肉放入碗中，加入盐、料酒、生粉，拌匀腌渍，入油锅炸至金黄色，捞出。

3 用油起锅，放入西红柿、番茄酱、清水、盐、白糖、水淀粉拌匀，制成酱汁。

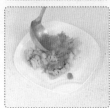

4 关火后盛出酱汁，浇在炸好的鱼肉上，点缀上葱花即可。

扫一扫看视频

葱香蒸鳜鱼

⏱ 14分钟　🫁 健脾止泻

原料： 鳜鱼1条，姜丝、红椒丝各3克，葱丝、姜片各10克

调料： 蒸鱼豉油10毫升，盐3克，食用油适量

做法

1 处理好的鳜鱼切开背部，在鱼的两面分别抹上盐，腌渍片刻。

2 盘中放上两根筷子，放上两片姜片，放上鳜鱼，再在鳜鱼身上放2片姜片。

3 将鳜鱼放入电蒸锅中蒸熟，取出，取下筷子、姜片，放上姜丝、葱丝、红椒丝。

4 用油起锅，中小火将油烧至八成热，淋到鳜鱼上，再淋入蒸鱼豉油即可。

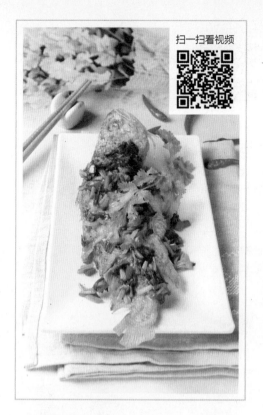

扫一扫看视频

雪菜黄鱼

🕐 *13分钟* 😋 *开胃消食*

原料： 雪菜150克，大黄鱼600克，红椒30克

调料： 盐4克，料酒8毫升，鸡粉2克，生抽5毫升，食用油适量

做法

1 洗净的红椒去籽，切粒；洗净的雪菜切成小段；处理好的黄鱼身上划一字花刀。

2 在黄鱼身上撒上盐、料酒、胡椒粉，涂抹均匀，腌渍10分钟至入味。

3 热锅注油烧热，倒入黄鱼，煎至两面微黄，盛出，装入盘中。

4 锅底留油烧热，倒入雪菜，放入红椒粒，注入生抽、清水，加入鸡粉，搅匀，浇在黄鱼身上即可。

扫一扫看视频

豉汁蒸脆鲩

🕐 *13分钟* 😋 *增强免疫力*

原料： 脆鲩鱼300克，豆豉60克，青椒40克，红椒45克，姜末、蒜末、葱花各少许

调料： 盐、鸡粉各2克，料酒、生抽各5毫升，食用油适量

做法

1 洗净的红椒、青椒均去籽，切成丁；处理好的脆鲩鱼切块。

2 取一碗，放入豆豉、姜末、蒜末、青椒丁、红椒丁，拌匀，加入盐、料酒、生抽、鸡粉，拌匀，倒在脆鲩鱼块上。

3 蒸锅中注入清水烧开，放入脆鲩鱼，中火蒸至熟，关火后取出脆鲩鱼，撒上葱花。

4 锅中注入食用油烧热，淋在脆鲩鱼上即可。

扫一扫看视频

5分钟

清热解毒

香辣水煮鱼

原料： 净草鱼850克，绿豆芽100克，干辣椒30克，蛋清10克，花椒15克，姜片、蒜末、葱段各少许

调料： 豆瓣酱15克，盐、鸡粉各少许，料酒3毫升，生粉、食用油各适量

烹饪小提示

煮鱼片的时间不宜太长，以免丢失鱼肉鲜嫩的口感。

做法

1 将处理干净的草鱼取鱼骨，切大块；取鱼肉，切片，用盐、蛋清、生粉腌渍。

2 锅中注油烧热，倒入鱼骨，炸香后捞出；用油起锅，爆香姜片、蒜末、葱段。

3 加入豆瓣酱、鱼骨，炒匀，注入开水，加入鸡粉、料酒、绿豆芽，拌匀。

4 煮至食材断生，捞出绿豆芽和鱼骨，装入汤碗中。

5 锅中留汤汁煮沸，放入鱼肉片，煮至熟，关火后盛出，连汤汁一起倒入汤碗中。

6 用油起锅，放入干辣椒、花椒，炸出香辣味，盛出，浇在汤碗中即成。

剁椒蒸武昌鱼

⏱ 10分钟　🍽 开胃消食

原料： 武昌鱼650克，剁椒60克，姜块、葱段、葱花、蒜末各少许
调料： 鸡粉1克，白糖3克，料酒5毫升，食用油15毫升

做法

1 处理干净的武昌鱼切成段；盘中放入姜块、葱段。

2 将鱼头摆在盘子边缘，鱼段摆成孔雀开屏状。

3 备一碗，放入剁椒、料酒、白糖、鸡粉、食用油，拌匀，淋到武昌鱼身上。

4 将武昌鱼放入蒸锅中蒸熟，取出，撒上蒜末、葱花，浇上热油即可。

扫一扫看视频

香辣小黄鱼

🕐 7分钟　🍲 增强免疫力

原料： 小黄鱼350克，干辣椒8克，熟白芝麻10克，八角、桂皮、葱花、姜片各少许

调料： 辣椒油、陈醋各3毫升，生抽5毫升，料酒6毫升，白糖3克，盐2克，食用油适量

做法

1 在处理好的小黄鱼身上撒上料酒、盐、胡椒粉、水淀粉，搅匀，腌渍片刻。

2 热锅注油烧热，放入小黄鱼，炸至表面呈金黄色，捞出。

3 用油起锅，爆香八角、桂皮、姜片，放入干辣椒、料酒、生抽、清水、盐、白糖。

4 加入陈醋、小黄鱼，拌匀，焖5分钟，加入辣椒油、葱花，炒匀，盛出菜肴即可。

扫一扫看视频

扫一扫看视频

孜然石斑鱼排

🕐 4分钟　🍲 美容养颜

原料：石斑鱼肉200克，孜然10克，青椒、红椒、姜末、葱花、熟白芝麻各少许
调料：盐2克，料酒5毫升，食用油适量

做法

1 将洗净的青椒、红椒均切成粒；洗净的石斑鱼肉去除鱼皮，切片，再依次切上花刀。

2 把鱼片放入碗中，加入盐、料酒、孜然，拌匀，腌渍片刻。

3 煎锅置火上，淋入食用油烧热，放入鱼片，铺平，用小火煎至两面焦黄。

4 撒上姜末，放入红椒丁、青椒粒、孜然，转中火煎一会儿，关火后盛出鱼排，摆放在盘中，点缀上熟白芝麻和葱花即可。

土豆烧鲈鱼块

🕐 12分钟　🍲 清热解毒

原料：土豆200克，鲈鱼800克，红椒40克，姜片、蒜片、葱段各少许
调料：料酒、生抽各10毫升，胡椒粉、盐各3克，水淀粉5毫升，鸡粉2克，食用油适量

做法

1 洗净去皮的土豆切块；洗净的红椒去籽，切成片；处理好的鲈鱼切成段。

2 将鱼装入碗中，放入盐、料酒、生抽、胡椒粉，搅匀，腌渍片刻。

3 热油锅中倒入土豆，炸至起皮，捞出；鲈鱼放入油锅中，炸熟后捞出。

4 锅底留油，爆香姜片、蒜片、葱段，放入鲈鱼、料酒、生抽、清水、土豆、盐、鸡粉、红椒、水淀粉，搅匀收汁，盛出即可。

扫一扫看视频

🕐 32分钟

保肝护肾

绣球鲈鱼

原料： 鲈鱼350克，胡萝卜60克，上海青30克，芹菜25克，葱段10克，鸡蛋1个，高汤160毫升

调料： 盐3克，鸡粉2克，料酒5毫升，水淀粉适量

烹饪小提示

做鱼丸时，大小最好一致，这样菜肴的样式才美观；胡萝卜切细一些，有利于制作鱼丸。

做法

1 鲈鱼洗净切断鱼头、鱼尾，鱼身去鱼骨、鱼皮，鱼肉切丝；上海青切粗丝。

2 芹菜、葱段、去皮胡萝卜均切丝；鸡蛋打散成蛋液，入锅煎成蛋皮，盛出切丝。

3 锅中注入清水烧开，放入盐、胡萝卜、上海青、芹菜，煮熟捞出；碗中放入鱼肉丝。

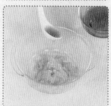
4 加入盐、料酒、鸡粉、水淀粉、葱丝、焯过水的食材、蛋皮丝，做成数个肉丸。

5 将肉丸与鱼头、鱼尾一起放入蒸盘中，入蒸锅蒸熟后取出。

6 炒锅烧热，倒入高汤、盐、鸡粉、水淀粉拌匀，浇在菜肴上即可。

蚝油酱爆鱿鱼

⏱ 4分钟　☁ 增强免疫力

扫一扫看视频

原料： 鱿鱼300克，西蓝花150克，甜椒20克，干辣椒、葱段各5克，姜末、圆椒、蒜末各10克，西红柿30克

调料： 盐2克，白糖3克，蚝油5克，水淀粉、黑胡椒、芝麻油、食用油各适量

做法

1 处理干净的鱿鱼切上网格花刀，再切成块；沸水锅中倒入鱿鱼，汆熟后捞出。

2 热锅注油烧热，爆香干辣椒、姜末、蒜末、葱段，再倒入甜椒、圆椒、西蓝花。

3 注入清水，拌匀，煮一会儿，倒入鱿鱼，加入盐、白糖、蚝油、西红柿，拌匀。

4 加入水淀粉、黑胡椒、芝麻油，拌匀，关火，将炒好的菜肴盛入盘中即可。

白灼虾 ⏱ 25分钟 🍖 益气补血

原料：鲜虾300克，小红辣椒4克，蒜末、葱花、姜末各4克
调料：食用油适量，蒸鱼豉油5毫升

做法

1 取一盘，摆放好鲜虾；取一碗，倒入小红辣椒、蒜末。

2 加入葱花、姜末、食用油、蒸鱼豉油，拌匀，制成调料。

3 取电饭锅，注入清水，放上蒸笼，放入鲜虾，蒸20分钟至食材熟透。

4 取出蒸好的鲜虾，淋上拌好的调料即可。

扫一扫看视频

元帅虾

⏱ 6分钟　☁ 保肝护肾

原料: 对虾200克,面包糠80克,鸡蛋1个,奶酪20克

调料: 盐2克,料酒5毫升,面粉、花椒油、食用油各适量

做法

1 将洗净的对虾去头、脚和壳,取虾仁,去除虾线;奶酪切片。

2 将处理好的虾仁装入碗中,加入盐、料酒、花椒油,拌匀,腌渍至其入味;另取一个碗,倒入面粉、蛋黄、蛋清,调匀成面糊。

3 取一腌好的虾仁,夹上一片奶酪,滚上面糊,裹上面包糠,制成元帅虾生坯,放入热油锅中,炸熟后捞出,摆入盘中即成。

扫一扫看视频

沙茶炒濑尿虾

⏱ 4分钟　☁ 增强免疫力

原料: 濑尿虾400克,红椒粒10克,洋葱、青椒、葱白各5克

调料: 鸡粉2克,沙茶酱10克,料酒、生抽、蚝油各适量

做法

1 热锅注油烧热,倒入处理好的濑尿虾,炸至变色,捞出,装盘备用。

2 用油起锅,倒入红椒、青椒粒、洋葱粒、葱白粒、沙茶酱,炒匀。

3 放入濑尿虾,翻炒至食材熟软,加入鸡粉、料酒、生抽、蚝油,炒匀调味。

4 关火后盛出炒好的菜肴,装入盘中即可。

扫一扫看视频

🕐 15分钟

降低血脂

麻辣水煮花蛤

原料： 花蛤蜊500克，豆芽、黄瓜各200克，芦笋5根，青椒、红椒各30克，去皮竹笋100克，干辣椒、花椒、香菜、姜片、葱段、蒜片各适量

调料： 鸡粉3克，辣椒粉、豆瓣酱、生抽、料酒、食用油各适量

烹饪小提示

竹笋事先要焯水后再进行烹饪，这样不但更易煮熟，还能去除竹笋的涩味。

做法

1 洗净的红椒、青椒均切圈；洗净的竹笋、黄瓜均切片；洗净的芦笋切段。

2 用油起锅，爆香蒜片、姜片，加入花椒、干辣椒、豆瓣酱、辣椒粉，炒匀。

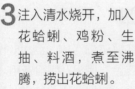

3 注入清水烧开，加入花蛤蜊、鸡粉、生抽、料酒，煮至沸腾，捞出花蛤蜊。

4 分别将竹笋、豆芽、黄瓜、芦笋倒入锅内，煮至断生，捞出装盘。

5 取一碗，放入豆芽、黄瓜、竹笋、芦笋、花蛤蜊、青椒、红椒、汤汁、香菜。

6 放入葱段、辣椒粉，再浇上含有花椒、干辣椒的热油，放上香菜叶即可。

美味酱爆蟹

🕐 4分钟　　🍖 增强免疫力

扫一扫看视频

原料：螃蟹600克，干辣椒5克，葱段、姜片各少许
调料：黄豆酱15克，料酒8毫升，白糖2克，盐、食用油各适量

做法

1 将处理干净的螃蟹剥开壳，去除蟹鳃，切成块。

2 热锅注油烧热，爆香姜片、黄豆酱、干辣椒，倒入螃蟹、料酒，炒匀去腥。

3 注入清水，加入盐，快速炒匀，大火焖3分钟，倒入葱段，翻炒均匀。

4 加入白糖，持续翻炒片刻，关火，将炒好的螃蟹盛出，装入盘中即可。

老虎菜拌海蜇皮

🕐 2分钟　🍖 清热解毒

原料： 海蜇皮250克，黄瓜200克，青椒50克，红椒60克，洋葱180克，西红柿150克，香菜少许

调料： 白糖3克，生抽、陈醋各5毫升，芝麻油、辣椒油各3毫升

做法

1 洗净的西红柿切片；洗净的黄瓜、洋葱均切丝；洗净的青椒、红椒均去籽，切丝。

2 沸水锅中倒入海蜇皮，搅匀氽煮片刻，捞出，沥干水分。

3 将海蜇皮装入碗中，淋入生抽、陈醋，加入白糖、芝麻油、辣椒油、香菜，拌匀。

4 取一个盘子，摆上西红柿、洋葱、黄瓜，再放上青椒、红椒，倒入海蜇皮即可。

扫一扫看视频

扫一扫看视频

鲍丁小炒

🕐 2分钟　🍲 保护视力

原料：小鲍鱼165克，彩椒55克，蒜末、葱末各少许

调料：盐、鸡粉各2克，料酒6毫升，水淀粉、食用油各适量

做法

1 洗净的鲍鱼剖开，分出壳、肉，去除污渍；鲍鱼入沸水锅中，淋入料酒，去除腥味后捞出。

2 洗净的彩椒切细条，再切成丁；放凉的鲍鱼肉切开，改切成丁。

3 用油起锅，爆香蒜末、葱末，放入彩椒丁、鲍鱼肉，淋入料酒，炒香。

4 加入盐、鸡粉、水淀粉，炒至熟透，盛入摆在盘中的鲍鱼壳上即可。

杂锦菜

🕐 5分钟　🍲 益气补血

原料：鲜香菇50克，胡萝卜80克，荷兰豆70克，鲜百合20克，水发银耳、水发木耳各60克，姜片、蒜末、葱段各少许

调料：盐3克，鸡粉2克，料酒、水淀粉各5毫升，食用油适量

做法

1 洗好的香菇切成块；洗净的胡萝卜切片；洗好的荷兰豆两头切齐整；洗净的银耳切去黄色根部，再切成小块；洗好的木耳切小块。

2 沸水锅中放入盐、食用油、切好的材料，拌匀，煮约1分钟，捞出食材。

3 用油起锅，爆香姜片、葱段、蒜末，放入焯过水的材料、料酒、盐、鸡粉、水淀粉，炒匀，盛出即可。

扫一扫看视频

龙须四素 ⏱ 5分钟 🍲 增强免疫力

原料：南瓜藤、西红柿各80克，上海青100克，鲜香菇55克，腐竹50克

调料：盐4克，鸡粉2克，蚝油10克，生抽8毫升，水淀粉10毫升，食用油适量

做法

1 洗净的南瓜藤切段；洗好的上海青切成瓣；洗净的西红柿、香菇均切成块。

3 把西红柿摆放在盘子的周边，在中间摆上煮好的食材。

2 沸水锅中放入盐、香菇、食用油、腐竹、上海青、南瓜藤，煮至食材熟透后捞出。

4 锅中倒入清水，加入生抽、盐、鸡粉、蚝油，拌匀煮沸。

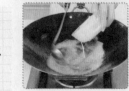

5 倒入水淀粉，翻炒均匀，制成芡汁，把芡汁均匀地浇在食材上即可。

烹饪小提示

在汆烫上海青时，加入少许食用油，可以使其颜色翠绿并能保持脆嫩的口感。

五宝蔬菜

⏱ 2分钟　　☁ 保护视力

扫一扫看视频

原料： 上海青170克，草菇50克，水发木耳100克，口蘑45克，胡萝卜75克

调料： 盐3克，鸡粉2克，胡椒粉、水淀粉各适量

做法

1 洗净的上海青切除根部；洗好的口蘑、草菇均切片；去皮的胡萝卜切薄片。

2 沸水锅中加入盐、食用油、上海青，焯熟后捞出；倒入草菇、口蘑，焯熟后捞出。

3 倒入胡萝卜片、木耳，焯熟后捞出；炒锅中倒入清水烧热，放入焯过水的食材。

4 加入盐、鸡粉、胡椒粉、水淀粉，炒匀，盛入摆放有上海青的盘子中即可。

香浓味噌蒸青茄

🕐 *22分钟*　　 *增强免疫力*

原料： 青茄子300克，剁椒2勺，蒜末、葱花、红椒丝各少许
调料： 白糖2克，香油5毫升，味噌2勺，生抽适量

扫一扫看视频

做法

1 洗净的青茄子切小段，再对半切开，叠放在盘子中。

2 取一碗，放入蒜末、味噌、生抽、剁椒、香油、白糖、一半葱花，拌匀成调味汁。

3 蒸锅中注入清水烧开，放上青茄子，大火蒸20分钟至熟，关火后取出青茄子。

4 浇上调味汁，撒上剩余的葱花、红椒丝做装饰即可。

扫一扫看视频

蚝油蒸茄盒

🕐 20分钟　　🍳 保护视力

原料： 茄子180克，肉末100克，香菜碎、姜末各10克，葱花5克

调料： 盐、五香粉各3克，鸡粉5克，蚝油、干淀粉各10克，生抽10毫升，食用油适量

做法

1 将洗净的茄子切上花刀，改切厚片，制成茄盒；把肉末放入碗中，加入葱花、姜末、五香粉、盐、鸡粉，腌渍片刻，制成肉馅。

2 小碗中放入清水、盐、干淀粉、鸡粉、生抽、蚝油，搅匀，调成味汁；取茄盒，夹入肉馅，压紧，放入电蒸锅中蒸熟，取出。

3 用油起锅，倒入味汁，煮沸成稠汁，浇在菜肴上，撒上香菜碎即可。

扫一扫看视频

京酱茄条

🕐 4分钟　　🍳 开胃消食

原料： 茄子400克，猪肉末200克，青椒、红椒各20克，鸡蛋1个，蒜末、香菜各少许

调料： 鸡粉、白糖各1克，白胡椒粉2克，盐、甜面酱各5克，生粉15克，料酒5毫升，水淀粉、食用油各适量

做法

1 去皮的茄子切粗条；青椒、红椒均切成丁。

2 碗中放入清水、盐、茄子，浸泡片刻；猪肉末用鸡蛋、盐、料酒、白胡椒粉腌渍。

3 茄子裹上生粉，入油锅炸至微黄，捞出。

4 用油起锅，倒入肉末、甜面酱、清水、盐、鸡粉、白糖、水淀粉、蒜末、青椒丁、红椒丁、茄子炒匀，撒上香菜即可。

扫一扫看视频

🕐 3分钟

增强免疫力

红烧双菇

原料： 鸡腿菇65克，水发香菇45克，上海青70克，姜片、蒜末、葱段各少许

调料： 盐、鸡粉各2克，老抽2毫升，生抽、料酒各3毫升，芝麻油、水淀粉、食用油各适量

烹饪小提示

若是使用鲜香菇来制作这道菜肴，最好用流动水冲洗，能更好地把香菇菌丝内的杂质洗掉。

做法

1 鸡腿菇洗净切片；香菇洗净切段；上海青洗净切小瓣。

2 锅中注入清水烧开，加入盐、鸡粉、食用油、上海青，煮熟后捞出上海青。

3 沸水锅中倒入鸡腿菇、香菇，拌匀，煮约半分钟，捞出。

4 用油起锅，爆香姜片、蒜末、葱段，放入鸡腿菇、香菇、料酒、老抽、生抽。

5 倒入清水，加入盐、鸡粉，倒入水淀粉，淋入芝麻油，炒匀，至食材入味。

6 取一个干净的盘子，摆入上海青，盛入锅中的食材即可。

锅塌酿豆腐

⏱ 6分钟 🐷 益气补血

原料： 豆腐300克，肉末馅160克，豌豆85克，水发香菇100克，胡萝卜65克，蛋液55克，高汤150毫升，葱花少许

调料： 盐、鸡粉各2克，蚝油5克，水淀粉、食用油各适量

做法

1 去皮洗净的胡萝卜切丁；洗好的香菇切丁；洗净的豆腐切上刀花，再切厚片。

2 豆腐片内盛入肉末馅，滚上蛋液和生粉做成豆腐盒生坯；用油起锅，放入生坯。

3 煎至两面金黄，注入高汤，略煮后盛出；用油起锅，放入香菇、胡萝卜丁。

4 加入豌豆、高汤、盐、蚝油、鸡粉、水淀粉拌匀，浇在煎熟的豆腐盒上即可。

扫一扫看视频

多彩豆腐

🕐 8分钟　🧠 防癌抗癌

原料：豆腐300克，莴笋120克，胡萝卜100克，玉米粒80克，鲜香菇50克，蒜末、葱花各少许

调料：盐3克，鸡粉少许，蚝油6克，生抽7毫升，水淀粉、食用油各适量

做法

1 去皮洗净的莴笋、胡萝卜均切丁；洗净的香菇切丁；洗净的豆腐切长方块。

2 锅中注入清水烧开，加入盐、胡萝卜丁、莴笋丁、玉米粒、香菇丁，焯熟后捞出。

3 热油锅中放入豆腐块，撒上盐，煎熟后盛出；用油起锅，放入蒜末、焯过水的材料。

4 倒入清水、生抽、盐、鸡粉、蚝油、水淀粉，翻炒均匀，浇在豆腐块上，撒上葱花即可。

扫一扫看视频

扫一扫看视频

贵妃豆腐

🕐 14分钟　🍲 美容养颜

原料： 日本豆腐220克，枸杞15克，葱花少许，高汤100毫升

调料： 盐少许，鸡粉2克，水淀粉适量

做法

1 将备好的日本豆腐切段，去除外包装，再切小块儿。

2 把切好的豆腐块装入蒸碗中，铺平摆好，撒上洗净的枸杞，待用。

3 蒸锅上火烧开，放入蒸碗，盖上盖，用大火蒸约10分钟，至食材熟透，取出蒸碗。

4 锅置旺火上，注入高汤，加入盐、鸡粉，大火煮沸，再用水淀粉勾芡，调成芡汁，关火后盛出，浇在蒸碗中，最后点缀上葱花即可。

酱香素宝

🕐 13分钟　🍲 美容养颜

原料： 胡萝卜75克，香干120克，茭白45克，西芹40克，白芝麻少许

调料： 盐2克，老抽2毫升，生抽4毫升，水淀粉、食用油各适量

做法

1 洗净去皮的胡萝卜切成丁；洗好的香干、茭白均切成小块；洗好的西芹切菱形块。

2 用油起锅，倒入茭白，放入胡萝卜块、香干，炒匀，注入清水，淋入生抽、老抽，炒匀，焖至食材熟软。

3 倒入西芹，翻炒至断生，再加入盐，炒匀，用水淀粉勾芡。

4 撒上白芝麻，快速翻炒匀，关火后盛出炒好的菜肴，装入盘中即成。

扫一扫看视频

茭白秋葵豆皮卷

⏱ 5分钟　🍽 开胃消食

原料： 豆皮160克，秋葵55克，火腿肠1根，茭白45克，脆炸粉、面包糠各适量

调料： 盐2克，鸡粉少许，水淀粉、食用油各适量

做法

1 洗净的豆皮切成长方块；洗好的秋葵、茭白切成粗丝；火腿肠切成粗丝。

2 把脆炸粉装入碗中，注入温水，拌匀，调成粉糊，待用。

3 用油起锅，放入茭白、秋葵、火腿肠、清水、鸡粉、盐、水淀粉，炒匀制成酱菜。

4 豆皮铺开，盛入酱菜，卷成卷，用粉糊封口，滚上粉糊和面包糠，制成豆皮卷。

烹饪小提示

调粉糊时可加入少许蛋清，这样封口时黏性更好，生坯的形状更稳固。

5 将豆皮卷放入油锅中，用小火炸至金黄色后捞出即成。

拔丝苹果

 ⏱ 9分钟　🧠 益智健脑

扫一扫看视频

原料： 去皮苹果2个，高筋面粉90克，泡打粉60克，熟白芝麻20克
调料： 白糖40克，食用油适量

做法

 **1** 洗净的苹果去籽切块；取一碗，倒入部分高筋面粉、泡打粉、清水，拌成面糊。

 **2** 取一盘，放入苹果块，撒上剩余的高筋面粉，搅匀，倒入面糊中，拌匀。

 **3** 热锅注油烧热，放入苹果块，炸至金黄色，捞出。

 **4** 锅底留油，加入白糖，倒入苹果块，炒匀，盛出苹果，撒上熟白芝麻即可。

扫一扫看视频

红酒雪梨

⏱ 10小时　🫁 养心润肺

原料：雪梨170克，柠檬片20克，葡萄酒600毫升

调料：白糖8克

做法

1 洗净的雪梨切小瓣，去核，去皮，把果肉切薄片，备用。

2 取一个大碗，倒入葡萄酒，加入柠檬片、白糖，倒入雪梨片，拌匀。

3 将雪梨置于阴凉干燥处，腌渍约10小时，至酒味浸入雪梨片中。

4 另取一个盘，盛入泡好的雪梨片，摆放好即成。